DK 621.731.4.034

FORSCHUNGSBERICHTE
DES LANDES NORDRHEIN-WESTFALEN

Herausgegeben durch das Kultusministerium

Nr. 848

Dr.-Ing. Hans-Jochen Stöter

Institut für Werkzeugmaschinen und Umformtechnik
Technische Hochschule Hannover

Untersuchung des Schmiedevorganges in Hammer und Presse, insbesondere hinsichtlich des Steigens

Als Manuskript gedruckt

WESTDEUTSCHER VERLAG / KÖLN UND OPLADEN

1960

ISBN 978-3-663-03793-4   ISBN 978-3-663-04982-1 (eBook)
DOI 10.1007/978-3-663-04982-1

Gliederung

Bezeichnungen . . . . S. 5

1. Einleitung . . . . S. 9

2. Der Steigvorgang und seine Beeinflussung . . . . S. 10
   2.1 Definition des Begriffs Steigen und
       Beschreibung des Umformvorgangs . . . . S. 10
   2.2 Einflüsse auf das Steigen . . . . S. 13
       2.21 Gesenkinnenform . . . . S. 13
       2.22 Das Einsatzvolumen und die Ausgangsform
           des Schmiederohlings . . . . S. 16
       2.23 Die Auftreffgeschwindigkeit . . . . S. 17
       2.24 Der Gratspalt . . . . S. 18
           2.241 Bestimmung und Bedeutung des Grates . . . . . S. 18
           2.242 Formen des Gratspalts . . . . S. 19
           2.243 Abmessungen der Gratbahn . . . . S. 19
   2.3 Zusammenfassung zu Abschnitt 2 . . . . S. 20

3. Untersuchung des Stauchens zylindrischer Proben
   zwischen ebenen parallelen Bahnen . . . . S. 22
   3.1 Messung des Druckspannungsverlaufes an den Preß-
       flächen zylindrischer Proben für $d_o/h_o = 1:1,5$ . . . . . S. 22
       3.11 Die Versuchseinrichtung . . . . S. 22
       3.12 Die Versuchsdurchführung . . . . S. 24
           3.121 Versuche mit Proben aus Stahl . . . . S. 24
           3.122 Versuche mit Proben aus einer
               Al-Cu-Mg-Legierung . . . . S. 25
       3.13 Versuchsergebnisse . . . . S. 25
   3.2 Möglichkeiten für eine Berechnung der Druck-
       spannungsverteilung an den Preßflächen . . . . S. 28
   3.3 Zusammenfassung zu Abschnitt 3 . . . . S. 35

4. Untersuchung des Steigvorganges im Gesenk mit Gratspalt
   in Hammer und Pressen . . . . S. 36
   4.1 Versuchsplanung . . . . S. 37
       4.11 Die Veränderlichen . . . . S. 37
       4.12 Die Meßgrößen . . . . S. 40
       4.13 Das Versuchsprogramm . . . . S. 41

4.2 Der Versuchsaufbau . . . . S. 41

4.3 Die Versuchsdurchführung . . . . S. 42

4.4 Ergebnisse . . . . S. 42

    4.41 Die Werkzeug-, Steig- und Grataustritts-
geschwindigkeit in Hammer und Pressen . . . . . . S. 43

    4.42 Die Berührzeit in Hammer und Pressen . . . . . . S. 46

    4.43 Die Schmiedestückabkühlung in Hammer und Pressen . S. 48

    4.44 Der Einfluß der Gratbahn auf das Steigen
in Hammer und Pressen . . . . S. 52

    4.45 Die Druckspannungen in Hammer und Pressen . . . . S. 54

    4.46 Kraft- und Arbeitsbedarf in Hammer
und Pressen . . . . S. 58

4.5 Zusammenfassung zu Abschnitt 4 . . . . S. 60

5. Beanspruchung der Gesenke durch Druck und Wärme . . . . . . S. 62

6. Schlußwort . . . . S. 66

Literaturverzeichnis . . . . S. 68

7. Abbildungen 1 bis 62 . . . . S. 71

8. Anhang

    Anhang 1: Die Eichvorrichtungen für den Spannungs-
meßstift und die Kraftmeßdose S.125

    Anhang 2: Daten der benutzten Umformmaschinen S.126

    Anhang 3: 1) Versuchsbedingungen bei der Messung
der Normalspannungsverteilung für
$d/h > 1$ S.127

             2) Versuch zur Bestimmung der Formänderungs-
festigkeit k_f in Abhängigkeit vom Formänderungsverhältnis φ für Pantal 19
(Al Mg Si) S.129

    Anhang 4: Abschätzen der durch die Massenkräfte beim
Schmieden im Riemenfallhammer hervorgerufenen
Spannung S.129

    Anhang 5: Die Vorrichtung zum Messen des Umformwegs S.132

    Anhang 6: Die Meßanordnung für die Druckberührzeit S.133

    Anhang 7: Das Meßverfahren für die Steig- und Grat-
austrittsgeschwindigkeit S.134

Bezeichnungen

Umformmaschinen

v_o, v	Anfangs- und Augenblicksstößel- bzw. Bärgeschwindigkeit	m/s

Umformvorgang

A_U	Umformarbeit	mkg
b, b_E	Beschleunigung des Werkstoffs während und am Ende des Umformvorgangs	m/s^2
e	Konstante	kg/mm^2 bzw. mm
f	Regressionsbeiwert, Steigungsfaktor	- bzw. mm^3/kg
$h_o - h$	Umformweg	mm
h_s	Steighöhe	mm
k	Korrelationsbeiwert	-
k_f, k_{fm}	Formänderungsfestigkeit mittlere Formänderungsfestigkeit	kg/mm^2
k_w	Formänderungswiderstand	kg/mm^2
p	Fließwiderstand	kg/mm^2
P_N	Normalkraft	t
P_T	tangentiale Reibkraft	t
P_U, P_{Ugr}	Umformkraft und deren Größtwert	t
Q	Wärmemenge	kcal
q	Normalspannung an der Preßfläche	kg/mm^2
$q_{F\alpha}$	Wärmestromdichte	$kcal/m^2 h$
q_{Fgr}, q_{Ggr}	größte Druckspannung am Flansch und am Grat des Schmiedestücks	kg/mm^2
q_m	mittlere Normalspannung an der Preßfläche des Probenstreifens von der Breite x	kg/mm^2
t	Zeit	s
T_1	Liegezeit vor dem Umformen	ms
T_2	Druckberührzeit	ms

T_2'	Umformzeit	ms
T_2''	Gesenkberührzeit	ms
T_3	Liegezeit nach dem Umformen	ms
u	Abkühlgeschwindigkeit	°C/s
v_h, v_{hE}	Steiggeschwindigkeit während und am Ende des Umformvorgangs	m/s
v_r	Ausbauch- bzw. Grataustrittsgeschwindigkeit	m/s
x, y	rechtwinklige Koordinaten eines Punktes	
Y	Ordinate der Regressionsgeraden	kg/mm² bzw. mm
α	Wärmeübergangszahl	kcal/m²·h·°C
γ_{xy}	Schiebung	-
$\Delta\vartheta_\alpha$	Temperaturverlust des Schmiedestücks durch Wärmeübergang	°C
$\Delta\vartheta_U$	Temperaturerhöhung des Schmiedestücks durch Umformwärme	°C
$\varepsilon = \dfrac{h_o - h}{h_o}$	bezogene Formänderung	-
η	Beiwert der inneren Reibung	kgs/mm²
μ	Reibwert zwischen Werkstück und Werkzeug	-
τ_r, τ_t, τ_{xy}	Schubspannung in radialer, tangentialer und y-Richtung	kg/mm²
$\varphi = \ln \dfrac{h_o}{h}$	Augenblickswert des Formänderungsverhältnisses	-
$\varphi_{01} = \ln \dfrac{h_o}{h_1}$	Endwert des Formänderungsverhältnisses	-
$\varphi_m = \ln \dfrac{h_o}{h_{1m}}$	mittleres log. Formänderungsverhältnis	-
$\dot\varphi = \dfrac{v}{h}$	Formänderungsgeschwindigkeit	s⁻¹
$\dot\varphi_m = \dfrac{\varphi_{01}}{T_2'}$	mittlere Formänderungsgeschwindigkeit	s⁻¹

Werkstück

c	spezifische Wärme von Stahl	$\dfrac{\text{kcal}}{\text{kg} \cdot {}^\circ\text{C}}$
d_o, d, d_1	Ausgangs-, Augenblicks- und Enddurchmesser der Preßfläche	mm
d_G	größter Probendurchmesser	mm
F_o, F, F_1	Ausgangs-, Augenblicks- und Endpreßfläche	mm^2
$F_{\alpha o}, F_\alpha, F_{\alpha 1}$	Ausgangs-, Augenblicks- und Endwärmeübergangsfläche des Schmiedestücks	m^2
F_{ges}	gesamte Oberfläche des Schmiedestücks	m^2
F_s	strahlende Fläche des Schmiedestücks	m^2
F_T	Fläche des Schmiedestücks in der Teilungsebene des Gesenks	mm^2
F_Z	Querschnitt des Zapfens	mm^2
F_{ZE}	Querschnitt des Zapfens an der Stelle $y = h_s$	mm^2
G	Gewicht des Schmiedestücks	kg
h_o, h, h_1	Ausgangs-, Augenblicks- und Endhöhe des Schmiedestücks	mm
h_{1m}	mittlere Endhöhe des Schmiedestücks	mm
l	Augenblicksprobenlänge beim breitungslosen Stauchen	mm
r_o, r, r_1	Ausgangs-, Augenblicks- und Endhalbmesser der Preßfläche	mm
r_G	größter Probenhalbmesser	mm
r_{Pr}	Preßflächenhalbmesser (Integrationsgrenze)	mm
$s, \Delta s$	Gratdicke und deren Abweichung	mm
V	Volumen des Schmiedestücks	mm^3
ΔV	Werkstoffvolumenunterschied bei verschiedenen Lochwandneigungen	mm^3
γ	spezifisches Gewicht von Stahl	kg/dm^3

ϑ_{Sch_o}, ϑ_{Sch}	Anfangs- und Augenblickstemperatur des Schmiedestücks	°C
ϱ	Dichte von Stahl	kgs^2/mm^4

Werkzeug

b	Breite der Gratbahn	mm
b'	Breite des Gratspalts	mm
b/s	Gratbahnverhältnis	-
D	Gesenkdurchmesser in der Teilungsebene	mm
d_L	Lochdurchmesser	mm
h_F	Flanschhöhe	mm
l_H	Tiefe der kegeligen Gesenkhöhlung	mm
R	Oberflächenrauheit	µ
r_A	Abrundungsradius	mm
s	Höhe der Gratbahn	mm
s'	Höhe des Gratkanals	mm
ϑ_2	Gesenktemperatur	°C
ϑ_m	größte Oberflächentemperatur des Gesenks	°C
σ	durch Massenkräfte hervorgerufene Spannung	kg/mm^2
σ_B, σ_{Bo}, σ_{Bu}	Zugfestigkeit sowie obere und untere Grenze der Zugfestigkeit des Gesenkstahls	kg/mm^2
$\sigma_{0,2}$; $\sigma_{0,2u}$	0,2-Grenze und untere 0,2-Grenze des Gesenkstahls	

1. Einleitung

Der Umformvorgang in Hämmern und Pressen ist immer wieder Gegenstand von Rechnung und Versuch gewesen. Die älteren Arbeiten beschäftigen sich hauptsächlich mit dem freien Stauchen zwischen ebenen Bahnen und haben zum Ziel, den dabei auftretenden Formänderungswiderstand zu be-bestimmen. Erst jüngere Arbeiten untersuchen die Umformung im Gesenk. Dabei stehen Fragen nach dem Arbeitsbedarf und dem besten Ausfüllen der Gravur im Vordergrund. Weil der Vorgang ziemlich verwickelt ist, blieben bis auf den heutigen Tag noch viele Fragen offen, denen nachzugehen Zweck dieser Arbeit ist.

Die Auswertung der wichtigsten Ergebnisse der früheren Untersuchungen ließ erkennen, daß das reine Stauchen zwischen ebenen Bahnen am Umformen im Gesenk einen stärkeren Anteil hat als man zunächst annimmt. Im Anfang wird der Rohling im Gesenk nur gestaucht, ohne in die Gesenkform gepreßt zu werden, und am Schluß der Umformung tritt abermals ein fast reiner Stauchvorgang auf; wenn nämlich bereits Grat ausgetreten ist, wird eben dieser Grat gestaucht, damit die aus ihm nach innen verdrängte Masse die Füllung des Hohlraums bewirkt.

Für die Durchleuchtung des Gesamtvorganges mußte deshalb zunächst erneut das Stauchen untersucht werden. Entsprechend dem Stauchen zu Beginn der Umformung wurden Stauchversuche mit einem Durchmesser-Höhenverhältnis $d_o/h_o < 1$ angesetzt, während eine Versuchsreihe mit $d/h > 1$ dem Schmieden des Grates ähnelt. Hierbei wurde besonderer Wert auf das Messen der Druckspannungsverteilung an den Preßflächen gelegt, weil diese für die Beurteilung des anschließend untersuchten Steigens bedeutungsvoll ist.

Das Hauptziel der Arbeit ist indes die Untersuchung des sog. Steigvorganges. Darunter versteht man nicht nur das Ausfüllen von Höhlungen des Obergesenks - was jeder mit dem Begriff des Wortes "Steigen" verbinden würde - sondern auch das Hineinfließen des Werkstoffs in Ausnehmungen des Untergesenks. Der Steigvorgang hängt einmal von der Endform des Schmiedestücks ab, zum anderen von Größen, die von außen her auf ihn wirken. Solche sind:

        die Ausgangsform des Schmiederohlings,
        die Auftreffgeschwindigkeit,
        die Gratbahn.

Ihr Einfluß auf das Steigen wird daher in der unter 4. beschriebenen Untersuchung ermittelt. Weil in der Praxis oft Massenkräfte für das gute Steigen des Werkstoffs verantwortlich gemacht werden, wurde zunächst durch Rechnung und Versuch der Einfluß der Massenträgheit auf das Steigen bestimmt. Danach wurde bei gleicher Gesenkinnenform der Einfluß des Gratbahnverhältnisses und bei gleichbleibendem Gratbahnverhältnis der Einfluß verschiedener Gratdicken auf die Steighöhe, den Kraft- und Arbeitsbedarf und die örtliche Druckspannung in der Gratbahn und an einer weiteren Stelle der Gravur untersucht. Die Abhängigkeit des Steigens von der Auftreffgeschwindigkeit des Obergesenks und von der Ausgangsform des Schmiederohlings wurde geprüft, indem die Versuche in drei Umformmaschinen - einem Riemenfallhammer, einer Schwungradspindelpresse und einer hydraulischen Versuchspresse - mit verschiedenem Geschwindigkeitsverhalten sowie mit hohen und niedrigen Proben gleichen Volumens ausgeführt wurden.

Besondere Aufmerksamkeit galt der Druckberührzeit, da sie die Abkühlung des Schmiedestücks und damit das Ausfüllen der Form wesentlich beeinflußt. Die Ergebnisse der Versuche zeigen, daß manche Ansichten der Praxis in bezug auf das Steigen nicht haltbar sind.

Auch ein Einblick in die Beanspruchung des Gesenkwerkstoffs während des Schmiedens wurde angestrebt. Damit soll eine Forderung der Fertigungswissenschaft erfüllt werden, die etwa so umrissen werden kann:

> Nur wenn man einen Fertigungsvorgang vollständig zahlenmäßig beherrscht, kann man Werkzeuge und Maschinen daraufhin gestalten und Maßnahmen treffen, um den Vorgang günstig zu beeinflussen.

2. Der Steigvorgang und seine Beeinflussung

2.1 Definition des Begriffs Steigen und Beschreibung des Umformvorgangs

Ein Gesenkschmiedestück ist ein Werkstück, das durch Umformung in erhitztem Zustand mittels mehrerer als Gegenstück ausgebildeter Werkzeuge, den Gesenkteilen, hergestellt worden ist. Beim Umformen im Hammer oder in der Presse füllt der Werkstoff entweder stufenweise von Schlag zu Schlag oder in einem Werkzeughub die Hohlform des Gesenks aus. Dabei ändern sich die Werkstückmaße, Kräfte und Geschwindigkeiten von Augenblick zu Augenblick. Die Zeit für solchen Umformvorgang liegt im Bereich von etwa 5 ... 200 ms.

Bei einfachen Gesenkformen ähnelt er dem reinen Stauchen; die Hohlform wird hauptsächlich durch Breiten des Werkstoffs ausgefüllt. Bei verwickelten Werkstücken mit Ansätzen, Zapfen oder Rippen muß der Werkstoff zusätzlich "steigen". <u>Darunter versteht man das Eindringen in Gesenkhöhlungen, in die der Rohling nicht hineingeht, und zwar in oder entgegen der Arbeitsrichtung des bewegten Gesenkteils.</u> Als Maßzahl für das Steigen wird der Begriff der "Steighöhe h_s" eingeführt, d.i. der Abstand, den das am weitesten in eine Gesenkhöhlung eingedrungene Werkstoffteilchen von der Grundfläche dieser Höhlung hat (s. Abb. 1, Reihe 4).

Der Umformvorgang läuft verschieden ab, je nachdem, welche der drei Grundformen von Gesenken benutzt wird; diese sind gemäß Abbildung 1:

1) das geschlossene Gesenk
2) das Gesenk mit Gratspalt
3) das offene Gesenk.

Das Umformen in Gesenken dieser Art soll für ein in vielen Abwandlungen vorkommendes Schmiedestück an Hand von Abbildung 1 schrittweise verfolgt werden.

Im allgemeinen ist der Rohlingsdurchmesser $d_o < D$ und das Verhältnis $d_o/h_o < 1$. Der erste Umformabschnitt verläuft in allen drei Grundformen unter gleichen Bedingungen, und zwar ähnlich dem Stauchen zwischen ebenen Bahnen. Wegen der Preßflächenreibung nimmt die ursprünglich zylindrische Probe Tonnenform an. Dieser Abschnitt ist beendet, wenn der größte Probendurchmesser d_G gleich dem Gravurdurchmesser D geworden ist. An der der kegeligen Bohrung gegenüberliegenden Stirnfläche der Probe hat sich gerade der erste Zapfenansatz gebildet. Von nun an verläuft die Umformung in jeder der drei Grundformen anders.

<u>Im geschlossenen Gesenk</u> wird die weitere Breitung der Probe durch die senkrechten Gesenkwände verhindert. Die Formgebung ähnelt jetzt dem Strangpressen. Der Werkstoff steigt so lange in den Hohlraum, bis sich die Aufschlagflächen der Gesenke berühren. Dabei wird die Steiggeschwindigkeit von der Werkzeuggeschwindigkeit und den Abmessungen der Hohlformen bestimmt.

Auch im <u>Gesenk mit Gratspalt</u> wird das Breiten zunächst durch die fast senkrechten Gesenkwandungen in Ober- und Untergesenk behindert. Dazu kommt eine weitere Behinderung eigener Art, nämlich durch den erhöhten Fließwiderstand, den der sich breitende Werkstoff in dem sich ständig verengenden Gratspalt erfährt. Dieser Widerstand wird dadurch noch erhöht, daß sich der warme Werkstoff wegen der immer dünner werdenden seitlichen Austrittsquerschnitte abkühlt. Unter der Wirkung dieses sich rasch aufbauenden Fließwiderstands steigt der Werkstoff in die kegelige Bohrung, bis sich das Obergesenk auf das Untergesenk setzt.

Im offenen Gesenk tritt im Gegensatz zu den beiden anderen Grundformen keine sprunghafte Änderung des Fließwiderstands ein, weil die Gesenkform den Werkstofffluß nicht behindert. Vielmehr nimmt der Fließwiderstand hier stetig im gleichen Maße zu, wie sich die Preßflächen vergrößern. Der Zapfen steigt entsprechend dem Gleichgewicht der Widerstände gegen Abfließen in x- und y-Richtung.

Unter der Voraussetzung gleichen Einsatzvolumens liegt demnach die Steighöhe im Gesenk mit Gratspalt zwischen den Steighöhen der anderen Grundformen. Diese Überlegung wird durch Versuche von RAUHAUS bestätigt [14], der die "Steigfähigkeit verschiedener Werkstoffe beim Schmieden im Gesenk" vergleichsweise in einem Gesenk mit Gratspalt und einem geschlossenen Gesenk (Abb. 2) untersucht. Als Umformmaschinen benutzt er einen Riemenfallhammer mit 2000 kg Bärgewicht und rd. 2,5 m Fallhöhe, sowie eine hydraulische Presse mit 550 t Preßkraft.

Tabelle 1 enthält die auf die Steighöhe im Gesenk mit Gratspalt bezogene Steighöhe des geschlossenen Gesenks beim Schmieden in Presse und Hammer. In beiden Maschinen ist im geschlossenen Gesenk eine bedeutende Steighöhenzunahme zu verzeichnen.

Tabelle 1

Steighöhen in Ober- und Untergesenk für Gesenk mit Gratspalt und für geschlossenes Gesenk in Presse und Hammer. Werkstückstoff C 10

Umform-maschine	Gesenkform	Temperatur [°C]	Steighöhe [%] oben	Steighöhe [%] unten
Presse	mit Grat	1180	100	100
	ohne Grat	1140	146	176
	mit Grat	1130	100	100
	ohne Grat	1150	180	218
Hammer	mit Grat	1140	100	100
	ohne Grat	1140	162	103
	mit Grat	1140	100	100
	ohne Grat	1140	170	174

Wo ein starkes Steigen des Werkstoffs erforderlich ist, würde demnach zweckmäßig ein geschlossenes Gesenk verwendet. Daß diese Grundform im praktischen Betrieb trotzdem verhältnismäßig wenig vorkommt, hat folgende Gründe:

1) <u>hohe Herstellkosten</u> der genauen Gesenkführung, durch die kein Werkstoff austreten darf,

2) <u>genaue Bär- bzw. Stößelführungen</u>, damit die Gesenkführung nicht beschädigt wird,

3) beim Umformen in Kurbelpressen <u>Einhalten enger Volumentoleranzen</u> beim Trennen der Blöckchen, weil bereits geringe Übermengen zur Überlastung des Werkzeugs und der Maschine führen.

Daher ist die nächstgünstige und praktisch gebräuchlichste Werkzeugform das Gesenk mit Gratspalt. Sie wurde deshalb auch für die in Abschnitt 4 beschriebene Untersuchung des Steigvorgangs gewählt.

Außer der Grundform des Gesenks sind für das Ausfüllen der Form noch andere Einflüsse von Bedeutung, nämlich:

      a) die Gesenkinnenform
      b) die Ausgangsform des Werkstücks
      c) die Auftreffgeschwindigkeit
      d) die Form der Gratbahn.

Sie sollen deshalb in den folgenden Abschnitten näher behandelt werden, soweit Ergebnisse aus früheren Arbeiten darüber Aufschluß geben; dagegen wird das Gleichbleiben anderer Einflußgrößen wie Werkstoff, Reibung und Temperatur vorausgesetzt.

2.2 Einflüsse auf das Steigen

2.21 Gesenkinnenform

Bei der Betrachtung einer Vielzahl von Gesenkschmiedestücken erkennt man als ständig wiederkehrendes Formelement die Böschungsfläche. Ihre einfachsten Formen sind der Kreiskegel und der Keil. Die Böschungsfläche ist notwendig, weil sie ein leichtes Lösen des Schmiedestücks ermöglicht. Ihre Neigung, sowie die Rundungsradien an den Übergängen zu anderen Flächen beeinflussen das Steigen maßgeblich. Das wurde zahlenmäßig von POMP, MÜNKER und LUEG [12] nachgewiesen. Sie verwendeten in einer hydraulischen Presse mit $v = 6{,}5 \cdot 10^{-3}$ m/s offene Doppel- und Einzelgesenke (Abb. 3), bei denen der Gesenkhöhlung eine ebene Bahn gegenübersteht. Die erreichten Steighöhen der gleich hohen Rohlinge aus Blei waren um so niedriger, je kleiner der Lochdurchmesser ist.

Bei einem Lochdurchmesser von 28 mm haben sich die höchsten Steigwerte für eine Wandneigung von 1:5 ergeben. Bei einem Lochdurchmesser von 19 mm zeigen die Mittelwerte des Steigens in Ober- und Untergesenk für die Wandneigungen 1:5 und 1:10 keine großen Unterschiede mehr; bei dem Lochdurchmesser von 10 mm ergibt die Wandneigung 1:10 die höchsten Steigwerte, während die Wandneigung 1:5 nunmehr die niedrigsten zeigt. Alle Maxima verlaufen sehr flach.

Dieses Verhalten ist dadurch zu erklären, daß mit zunehmender Wandneigung zur Erzeugung der gleichen Steighöhe im Gesenk eine um ΔV geringere Werkstoffmenge benötigt wird (Abb. 4). Da Anfangshöhe und -durchmesser der Probe stets gleich waren, mußte sich diese Ersparnis ΔV bei einem großen Lochdurchmesser (28 mm) des Gesenks am stärksten bemerkbar machen. Andererseits nimmt mit wachsender Wandneigung der Widerstand des Werkstoffs gegen das Hineinfließen in die Kegel zu, weil die Reibung an der Gesenkwand größer ist und außerdem die Probe im Kegelinneren stärker umgeformt werden muß. Bei dem Lochdurchmesser von 10 mm überwiegt der letztere Einfluß, so daß hier die schwächere Wandneigung die höheren Werte ergibt.

Eine Untersuchung der Steighöhen für Ober- und Untergesenk bei verschiedenen Wandneigungen und für verschiedene Umformarbeiten lieferte Abbildung 5. Dabei macht sich der günstige Einfluß der Wandneigung 1:5 nur im Doppelgesenk und erst bei großen Arbeitsbeträgen, also bei großen Umformwegen, durch besseres Steigen bemerkbar.

Wesentlich sind die Unterschiede zwischen den Steighöhen für Ober- und Untergesenk; sie sind nicht etwa aus Verschiedenheiten der Gesenkhälften zu erklären, denn die hier aufgetragenen Werte sind Mittel aus je zwei Versuchen, bei welchen das Obergesenk des ersten Versuchs im zweiten Versuch als Untergesenk eingebaut war. Temperatureinflüsse scheiden aus, weil mit Blei bei Raumtemperatur gearbeitet wurde; Massenwirkungen kommen auch nicht in Betracht, weil die Werkzeuggeschwindigkeit klein war. Bei den Wandneigungen 1:10 bis 1:3,5 fließt mehr Werkstoff ins Untergesenk als ins Obergesenk. Eine Ausnahme bildet lediglich der Meßpunkt bei 260 mkg Umformarbeit und einer Wandneigung von 1:3,5.

Bei dem Einzelgesenk mit einer Gesenkhöhlung gegen eine ebene Bahn tritt die bevorzugte Fließrichtung des Werkstoffs ins Untergesenk noch deutlicher hervor (Abb. 5), wenn man das Hohlgesenk einmal oben und einmal unten anordnet. Die mit zunehmender Wandneigung eintretende Werkstoffersparnis wirkt sich dagegen nicht auf die Steighöhe aus. Vielmehr ist der bei abnehmender Lochwandneigung kleiner werdende Fließwiderstand für das Steigen bestimmend. Die Neigung 1:15 ergibt deshalb die größten Steighöhen.

Außer der Wandneigung ist die Lochabrundung von Einfluß auf die Steighöhen; sie wachsen mit größer werdendem Rundungshalbmesser. Für das Untergesenk ergibt sich die größte Steighöhe für einen Rundungshalbmesser von 6 mm, entsprechend 25 % des Lochdurchmessers, während beim Obergesenk die Steighöhe stetig mit stärkerer Rundung zunimmt.

Diese Versuchsergebnisse mit Blei wurden mit einem unlegierten C-Stahl im allgemeinen bestätigt. Dabei betrug die Stößelgeschwindigkeit $v \approx 16 \cdot 10^{-3}$ m/s und die Schmiedestücktemperatur vor der Umformung $\vartheta_{Sch_o} = 1200\ °C$. Bezogen auf gleiche Werkzeugwege zeigte sich, daß die Steighöhen des Stahles im mittleren Umformbereich geringer sind, während sie im letzten Umformabschnitt stark ansteigen und am Ende wenig unter den Werten von Blei zurückbleiben. Diese Erscheinung dürfte dem Einfluß der Temperatur zuzuschreiben sein. Anfangs werden die Proben an den Berührflächen stark abgekühlt, wodurch die Formänderungsfestigkeit an diesen Stellen ansteigt und das Fließen in die Bohrungen erschwert wird. Die hierdurch in den ersten Umformabschnitten hervorgerufene stärkere Breitung bewirkt aber im letzten Preßabschnitt ein besseres Steigen, weil bei der jetzt geringen Flanschdicke der Formänderungswiderstand durch raschere Abkühlung des äußeren Flanschrings an diesen Stellen stark erhöht wird.

Bei den Versuchen an Stahl ($v \approx 16 \cdot 10^{-3}$ m/s) zeigten sich keine nennenswerten Unterschiede zwischen Ober- und Untergesenk, während bei den Versuchen an Blei die Steighöhen im Untergesenk größer waren. Die Ursache hierfür ist nach POMP, MÜNKER und LUEG einerseits der größere Widerstand des Stahles gegen das Hineinfließen in die Gesenke infolge seiner größeren Formänderungsfestigkeit[1] und andererseits die einseitige

---

1. Beispielsweise ist für die im folgenden angenommenen Werte
$k_{f\ Stahl} \approx 3 \cdot k_{f\ Blei}$.
$h_o = 51$ mm; $h_1 = 29$ mm; $\varphi = 0,57$; $\dot{\varphi} = 140\ s^{-1}$.
$\quad k_{f\ Stahl} = 6 \cdot \dot{\varphi}^{0,17}$ für $\vartheta_{Sch} = 1200\ °C$ [2]
$\quad k_{f\ Stahl} = 6 \cdot 140^{0,17} = 6 \cdot 2,32 = 13,9$ kg/mm^2
Fortsetzung der Fußnote 1) auf Seite 16

Erhöhung der Formänderungsfestigkeit durch rascheres Abkühlen des unteren Probenteils, das durch das Aufsetzen der Probe auf das kalte Unterwerkzeug hervorgerufen wird. In der Praxis legt man daher den Steigteil des Werkstücks stets ins Obergesenk.

2.22 Das Einsatzvolumen und die Ausgangsform des Schmiederohlings

Das Einsatzvolumen wird durch Zuschlag des verfahrensbedingten Abfalls zum Volumen des fertigen Werkstücks bestimmt. Besondere Bedeutung kommt der richtigen Bemessung des Einsatzvolumens beim Schmieden im geschlossenen Gesenk in Kurbelpressen zu. Hier ist

$$\text{Einsatzvolumen} = \text{Gravurvolumen} + \text{Zuschlag für Abbrand.}$$

Die Höhe des Abbrand-Zuschlags richtet sich nach der verwendeten Wärmanlage. Bereits ein geringfügiges Überschreiten des Einsatzvolumens führt zur Überlastung des Gesenks, während eine zu große Unterschreitung zu Ausschuß wegen Nichtausfüllens der Gravur führt. Deshalb erfordert das Arbeiten mit diesen Werkzeugen eine besonders geringe Trenntoleranz.

Aber auch bei dem Gesenk mit Gratspalt wirkt sich ein zu großes Einsatzvolumen nachteilig aus. Hier ist außer einem Zuschlag für Abbrand noch ein solcher für Grat in Rechnung zu setzen. Das Einsatzvolumen ist dann richtig bestimmt, wenn im Augenblick des vollständigen Ausfüllens der Gravur auch die vorgesehene Gratdicke erreicht ist. Ist dies nicht der Fall, so muß noch ein Werkstoffvolumen $F_T \cdot \Delta s$ (F_T = Fläche des Werkstücks in der Teilungsebene des Gesenks; Δs = Abweichung der Gratdicke vom Sollwert) durch den Gratspalt verdrängt werden; dazu sind hohe Umformkräfte erforderlich.

Neben dem Einsatzvolumen ist die Ausgangsform, bei zylindrischen Proben Ausgangsdurchmesser d_o und Ausgangshöhe h_o, von Einfluß auf das Ausfüllen der Form. Hierzu liefert die Arbeit von ERNST [3] ein aufschlußreiches Ergebnis. In einer 750-t-Reibspindelpresse mit einer mittleren Werkzeuggeschwindigkeit von 0,33 m/s wurde im offenen Gesenk (Abb. 6) Al Cu Mg 3 warm umgeformt. Mit <u>gleichem Volumen</u>, z.B. 300 cm^3 und $d_o = 75$ sowie $h_o/d_o = 0,9$ (Abb. 6, Maßstab B) wurde eine um 15 mm größere Steighöhe erreicht als bei $d_o = 100$ mm und $h_o/d_o = 0,38$ (Maßstab A).

---

1. $\quad k_{f\,\text{Blei}} = 5{,}37 \cdot \varphi^{0,36}$ für $\vartheta_{\text{Sch}} = 20^\circ\text{C}$ [4]
$\quad\quad k_{f\,\text{Blei}} = 5{,}37 \cdot 0{,}57^{0,36} = 5{,}37 \cdot 0{,}82 = 4{,}4\ \text{kg/mm}^2$

Daraus leiten wir mit ERNST ab, daß es im offenen Gesenk, das neben dem Steigen des Werkstoffs ein Breiten zuläßt, vorteilhaft sei, das Verhältnis h_o/d_o der zylindrischen Ausgangsform bei gleichem Volumen hoch zu wählen, jedoch nur bis zu einer gewissen Grenze, die nach Abbildung 6 bei $h_o/d_o = 1$ liegt.

Demgegenüber machte RADKE [13] Steigversuche in einem Fallhammer mit 2100 kg Fallgewicht, rd. 3400 mkg Arbeitsvermögen und einer Auftreffgeschwindigkeit von etwa 5,7 m/s. In einem Gesenk mit Gratspalt (Abb. 7) schmiedete er einen Stahl, der in seiner Zusammensetzung etwa einem Ck 10 entsprach. Wegen der unterschiedlichen Werkzeuggeschwindigkeit (6,3 m/s), der anderen Gesenkgrundform, die kaum breitet, sondern nur zum Steigen zwingt, und des anderen Werkstückstoffs sind die Steigverhältnisse nicht unmittelbar zu vergleichen. Aber in anderer Hinsicht stimmen die Ergebnisse überein. Das optimale Verhältnis h_o/d_o der Ausgangsform hat fast den gleichen Wert wie bei ERNST, nämlich $h_o/d_o \approx 0,9$. RADKE arbeitete nicht mit gleichbleibendem Volumen, sondern mit gleichbleibendem Durchmesser von 75 mm. Die erreichten Steighöhen in Abhängigkeit vom Verhältnis h_o/d_o stellt Abbildung 7 dar.

2.23 Die Auftreffgeschwindigkeit

Verschiedene Auftreffgeschwindigkeiten rufen bei gleicher Probenform unterschiedliche Formänderungsgeschwindigkeiten hervor. Die Definition der Formänderungsgeschwindigkeit $\dot{\varphi}$ bezieht sich auf die Umformung einer prismatischen Probe zwischen ebenen Bahnen:

$$\dot{\varphi} = \frac{v}{h} \left[\frac{mm}{s} \cdot \frac{1}{mm} \right] = \frac{v}{h} \left[s^{-1} \right]$$

worin v die augenblickliche Geschwindigkeit der Bahnen zueinander und h die augenblickliche Höhe eines zwischen ihnen zu stauchenden Stückes ist. Danach definiert KIENZLE für einen Stauchzylinder, der bei der Umformung zylindrisch bleibt, die Formänderungsgeschwindigkeit als die Geschwindigkeit, mit der sich ein Querschnitt einem zweiten nähert, welcher sich im Abstand von einer Längeneinheit von ihm befindet.

Bei der Umformung im Gesenk herrschen wegen der unterschiedlichen Höhen h des Schmiedestücks in Umformrichtung verschiedene Formänderungsgeschwindigkeiten an benachbarten Stellen des Werkstücks. Es ist deshalb nicht möglich, einen Zahlenwert für die Formänderungsgeschwindigkeiten anzugeben, wohl aber für den Unterschied der Formänderungsgeschwindigkeit beim Umformen im Hammer und in der Presse. Betrachtet man nämlich die Umformung gleicher Ausgangsformen in gleichen Gesenken in Presse und Hammer, so ändert sich dabei die Formänderungsgeschwindigkeit $\dot{\varphi}$ an jeder Stelle etwa wie die Werkzeuggeschwindigkeit v [2]. Eine Vorstellung von der Größenordnung dieses Unterschieds geben die Auftreffgeschwindigkeiten in modernen Pressen und Fallhämmern:

$$\text{Pressen:} \quad v \approx 0{,}5 \text{ m/s}$$
$$\text{Fallhämmer:} \quad v \approx 5 \text{ m/s}$$

Das erhöht beim Hammer den Formänderungswiderstand auf rund das 1,6-fache.

Wie bereits unter 2.1 erwähnt, führte RAUHAUS [14] vergleichende Untersuchungen hinsichtlich des Steigens in einer hydraulischen Presse und einem Riemenfallhammer durch. Über die Auftreffgeschwindigkeit werden keine Angaben gemacht, doch dürfte sich der Unterschied in der oben angegebenen Größenordnung bewegen. Neben Chrom-Nickelstahl, Al- und Mg-Legierungen untersuchte er einen Stahl, der etwa dem C 10 entspricht. Die Steighöhen im Hammer übersteigen in jedem Fall diejenigen der Presse. Allerdings ist auch der Arbeitsbedarf im Hammer höher. Er wird von RAUHAUS etwa 4- bis 5-mal größer als in der Presse angegeben. Dieser überraschend hohe Unterschied ist m.E. auf das Meßverfahren zurückzuführen. Bei den Versuchen in der hydraulischen Presse wurde der Arbeitsbedarf verhältnismäßig genau nach einem Indikatordiagramm ermittelt. Das Arbeitsvermögen des Hammers wurde bei einem Schlag aus voller Fallhöhe mittels der HEIMschen Bleischlagprobe zu 4797 mkg bestimmt. Bei den Steigversuchen erhielten die Proben 4 bzw. 5 Schläge und dementsprechend wurde der Arbeitsbedarf zu 4 · 4797 = 19 188 mkg bzw. 5 · 4797 = 23 985 mkg angegeben. Eine derartige Berechnung mag für die ersten beiden Schläge noch zulässig sein, bei den weiteren Schlägen weicht jedoch die Stoßziffer wegen des sich rasch abkühlenden Grates wesentlich von derjenigen bei der Bleischlagprobe ab. Das hat zur Folge, daß der Schabotte- und Bärrücksprungverlust größer und damit der Anteil für die Umformarbeit kleiner wird.

2.24 Der Gratspalt

2.241 Bestimmung und Bedeutung des Grates

Um eine Gravur gut auszufüllen, muß das Einsatzvolumen größer sein als das des fertigen Schmiedestücks, weil "überschüssiger" Werkstoff für

---

2. Dies gilt nicht streng, weil die Augenblicksformen in Presse und Hammer nicht genau gleich sind

das Ausbilden des Grates gebraucht wird. Dieser Grat hat folgende Aufgaben:

1. Gegen Ende des Umformvorganges wirkt der Grat wie eine Dichtung, die das Abfließen des Werkstoffs aus der Gravur behindert und ihn dadurch zwingt, die Gravur vollständig auszufüllen.

2. Schwankungen des Einsatzvolumens wirken sich allein in einer Schwankung des Gratvolumens aus, wenn die Gesenkhälften sich an den Aufschlagflächen berühren.

Die wichtigste Aufgabe des Grates ist zweifellos das Bilden eines hohen Fließwiderstands in der Fugenebene am Umfang des Schmiedestücks. Diesen liefert er gegen Ende des Umformvorgangs, wo er eine geringe Dicke und eine große Breite hat und verhältnismäßig stark abgekühlt ist.

2.242 Formen des Gratspalts

Um gute Steigbedingungen und niedrige Scherkräfte beim Abgraten zu erhalten, ist eine kleinste Gratdicke s anzustreben. Führte man den Gratspalt in der gesamten Breite b' mit der Höhe s aus (Abb. 8), so könnte sich sein Volumen als zu klein für die Aufnahme des beim Gesenkschmieden erforderlichen Werkstoffüberschusses erweisen. Außerdem wird der Grat infolge der geringen Dicke in seiner ganzen Breite rascher abkühlen als erwünscht und einen zu großen Formänderungswiderstand aufweisen.

Hätte der Gratspalt eine größere Höhe s' über seine gesamte Breite, so bliebe der erforderliche Fließwiderstand aus, und es wäre schwieriger, den dicken Grat zu entfernen.

Die Breite des unter Druck befindlichen Gratteils bestimmt man durch die in Abbildung 8 dargestellte Form des Gratspalts. Nur der innere Teil des Gratspalts, die Gratbahn, wird mit geringer Höhe s ausgeführt. Um den erforderlichen Werkstoffüberschuß unterzubringen, erhält der äußere Teil des Gratspalts, der Gratkanal, eine größere Höhe s'.

2.243 Abmessungen der Gratbahn

Die Breite der Gratbahn muß der Tatsache angepaßt sein, daß bei verwickelten Werkstückformen - das sind solche mit Versteifungsrippen, dünnen Wänden und Zapfen - ein größerer Fließwiderstand am Gratansatz erforderlich ist als bei einfachen Formen.

Das Ausschmieden des Grates gegen Ende des Umformvorgangs kann als Stauchen zwischen ebenen parallelen Bahnen angesehen werden, solange im Gesenk noch ein auszufüllender Hohlraum vorhanden ist.

Für den beim Stauchen durch die Preßflächenreibung hervorgerufenen Fließwiderstand gibt SIEBEL [16] folgende Beziehung an:

$$p = 2\mu \cdot k_f \cdot \frac{x}{h} \tag{1}$$

Darin sind:

- μ der Reibwert zwischen Werkstück und Werkzeug
- k_f die Formänderungsfestigkeit
- x der Abstand von der freien Seitenfläche
- h die Höhe des Stauchkörpers

Diese Gleichung wendet SIEBEL auf den Fließwiderstand am Gratansatz eines Gesenkschmiedestücks an. Nach Abbildung 8 ergibt sich:

$$p = 2\mu \cdot k_f \cdot \frac{b}{s} \tag{2}$$

Dies ist die wissenschaftliche Begründung für die bekannte Erfahrung, daß der Werkzeugkonstrukteur durch die Wahl von b/s, im folgenden als Gratbahnverhältnis bezeichnet, die Möglichkeit hat, den Fließwiderstand am Gratansatz zu beeinflussen.

2.3 Zusammenfassung zu Abschnitt 2

Rückblickend ergeben die bisherigen Untersuchungen über das Steigen in Hammer und Presse folgenden Wissensstand über die Auswirkungen der einzelnen Einflußgrößen:

a) <u>Gesenkgrund- und Gesenkinnenform</u>

   Von den bekannten Gesenkgrundformen liefert das geschlossene Gesenk die größten Steighöhen. Es stellt jedoch hohe Anforderungen an die Führungsgenauigkeit und das genaue Einhalten des Einsatzvolumens. Weniger anspruchsvoll und deswegen für praktische Verhältnisse besser geeignet ist das Gesenk mit Gratspalt, das die nächstbesten Steighöhen liefert.

Außer der Gesenkgrundform sind Elemente der Gesenkinnenform wie Lochdurchmesser, Rundungshalbmesser und Wandneigung von Einfluß auf das Ausfüllen der Hohlform. Die Steighöhen sind um so niedriger, je kleiner Lochdurchmesser und Rundungshalbmesser sind. Bei Doppelgesenken ergab sich bei gleicher Umformarbeit und einer Wandneigung von 1:5 ein schwach ausgeprägter Höchstwert der Steighöhe, während bei Einzelgesenken die kleinste untersuchte Wandneigung von 1:15 höchste Werte ergab.

Bei den Versuchen an Stahl erzielten POMP, MÜNKER und LUEG [12] etwa gleiche Steighöhen im Ober- wie im Untergesenk. RAUHAUS [14] erhielt etwas größere Steighöhen im Obergesenk.

b) <u>Ausgangsform des Schmiederohlings</u>

Unabhängig von einander stellten ERNST [3] für das offene Gesenk und volumengleiche Proben und RADKE [13] für das Gesenk mit Gratspalt und durchmessergleiche Proben ($V \neq const$) fest, daß größte Steighöhen bei einem Verhältnis von $h_o/d_o = 0,9 \ldots 1$ erreicht werden.

c) <u>Auftreffgeschwindigkeit</u>

Im Hammer ist die Formänderungsgeschwindigkeit wegen der höheren Auftreffgeschwindigkeit etwa 10-mal so groß wie in modernen Kurbel- und Spindelpressen. Die größten Steighöhen wurden im Fallhammer beim Umformen mit mehreren Schlägen erzielt. Der dabei benötigte größere Arbeitsbetrag ist mit dem bekannten Anwachsen der Formänderungsfestigkeit mit steigender Formänderungsgeschwindigkeit zu erklären.

d) <u>Gratbahnverhältnis</u>

SIEBEL [16] gab die theoretischen Grundlagen für den Einfluß des Gratbahnverhältnisses an. Versuche in dieser Richtung fehlten bisher noch.

Die unter a) und c) geschilderten Ergebnisse sind allgemein bekannt und werden beim praktischen Schmieden berücksichtigt. Dagegen ist bei volumengleichen Ausgangsformen der Einfluß des Verhältnisses h_o/d_o auf das Steigen im Gesenk mit Gratspalt unbekannt. Diesem Punkt sowie dem Einfluß des Gratbahnverhältnisses wurden deshalb bei der Untersuchung des Steigvorgangs besondere Aufmerksamkeit geschenkt.

3. Untersuchung des Stauchens zylindrischer Proben zwischen ebenen parallelen Bahnen

Wie in der Einleitung bemerkt, beginnt im allgemeinen die Umformung im Gesenk mit einem Stauchvorgang, der andauert, bis der Werkstoff die Gesenkwand erreicht und an ihr eine "geführte Umformung" zustandekommt. Für das Stauchen sind besonders die Vorgänge an den Preßflächen von Bedeutung. Die Reibungskräfte, die die Augenblicksformen der Probe beeinflussen, sind von der Verteilung der Normalspannung abhängig. Den Normalspannungsverlauf während des Stauchens meßtechnisch zu erfassen, erscheint daher besonders wichtig. Im Anhang 1 ist die Vorrichtung beschrieben, mit der es gelang, diese Aufgabe zu lösen. Anhang 2 enthält die Beschreibung der dazugehörigen Eichvorrichtung.

3.1 Messung des Druckspannungsverlaufs an den Preßflächen zylindrischer Proben für $d_o/h_o = 1:1,5$

3.11 Die Versuchseinrichtung

Die Anregung zu der Versuchseinrichtung gab ein Aufsatz von Mc.GREGOR und PALME [6] "Contact Stresses in the Rolling of Metals", erschienen im Journal of Applied Mechanics im September 1948. Das Kernstück der von den Verfassern beschriebenen Meßanordnung ist ein in die Oberwalze eingesetzter Stift, der mit Dehnmeßstreifen derart beklebt ist, daß nicht nur die Normalspannung, sondern auch die Schubspannung in zwei zueinander senkrecht stehenden Richtungen gemessen werden kann.

Wenn auch bisher keine Meßergebnisse mit dieser Einrichtung veröffentlicht wurden, so daß man sich kein Urteil über deren Brauchbarkeit bilden konnte, erschien die Möglichkeit, drei Spannungen an einer Stelle der Probe gleichzeitig messen zu können, so vorteilhaft, daß für die Untersuchung des Stauchvorgangs eine Meßanordnung entwickelt wurde, die auf dem gleichen Prinzip beruhte. Sie sollte dazu dienen, die Normalspannung q, die Schubspannung τ_r in radialer und die Schubspannung τ_t in tangentialer Richtung zur Probe zu messen.

Die Vorrichtung (Abb. 9) besteht aus der oberen Stauchbahn 1 mit eingesetztem Meßstift 2, der unteren Stauchbahn 3, der Kraftmeßdose 4 und der Grundplatte 5.

Der Meßstift 2 hat einen quadratischen Querschnitt von 8 x 8 mm zur Aufnahme der Dehnmeßstreifen und einen zylindrischen Ansatz von 2,5 mm Durchmesser. Er ist hohl gebohrt, um die zur Anzeige erforderliche

elastische Verkürzung zu erfahren. Etwa in der Mitte trägt er einen
runden Bund, mit dem er sich so in der oberen Stauchbahn 1 abstützt,
daß der zylindrische Ansatz bündig mit der Preßfläche abschließt. Eine
durchbohrte Schraube 6 hält ihn in dieser Stellung. Ein in den Bund eingesetzter Zylinderstift bestimmt die Lage des quadratischen Querschnitts
des Meßstifts zur Probe. Seine untere Hälfte trägt sechs Dehnmeßstreifen (Abb. 10) von je 120 Ω Widerstand. Davon ist ein Paar (R_1, R_2)
in Reihe geschaltet und spricht auf die durch die Normalspannung q hervorgerufene Stauchung des Stiftes an, ohne daß der Meßwert von der Biegung des Stiftes beeinflußt wird. Die beiden anderen Paare (R_3, R_4 und
R_5, R_6) sind parallel geschaltet und sprechen auf die durch die Schubspannungen τ_t und τ_r hervorgerufene Biegung an, ohne daß der Meßwert
von der Stauchung des Stiftes beeinflußt wird. Der unbelastete Teil des
Meßstifts nimmt zwei in Reihe geschaltete Dehnmeßstreifen (R_7, R_8) auf,
die zum Temperaturausgleich mit den Streifen R_1, R_2 dienen (s. Schaltbilder, Abb. 10).

Die Kraftmeßdose 4 (Abb. 9) besteht aus einem Ring von 150 mm Außendurchmesser, 22,5 mm Wanddicke und 84 mm Höhe. Sie ist auf ihrer Innenseite mit 5 gleichmäßig auf den Umfang verteilten in Reihe geschalteten Dehnmeßstreifen 9 von je 120 Ω Widerstand beklebt. Ein auf einem
Blechstreifen aufgeklebter Dehnmeßstreifen mit 600 Ω Widerstand dient
als Temperaturausgleichsstreifen. Die untere Stauchbahn 3 wird auf die
Meßdose 4 aufgesetzt und mit einem Bund zentriert. In der Mitte ist
ein Zylinderstift 8 eingesetzt, auf den entsprechende Bohrungen in den
Proben passen, damit sie stets die gleiche Lage einnehmen. Auf diese
Weise wird eine unsymmetrische Belastung der Meßdose vermieden und
andererseits eine genau festgelegte Stellung des Meßstifts zur Probe
erreicht. Vier um 90° versetzte an die Meßdose angeschweißte Laschen 7
erlauben ihre Verschiebung um jeweils 5 mm in einer Richtung (Abb. 9,
unten). Dies dient der Möglichkeit, die Probe mit dem Meßstift radial
abzutasten.

Die Stauchbahnen und der Meßstift bestehen aus Gesenkstahl, der durch
Härten in Öl und anschließendes Anlassen auf 39 bis 41 HR_c vergütet
wurde. Die Kraftmeßdose besteht aus St 60.11 unvergütet.

Die Dehnmeßstreifen der Kraftmeßdose sowie die drei Paare des Meßstifts
bilden jeweils die Hälfte einer Brückenschaltung; die beiden anderen
Brückenzweige sind in einer dynamischen Dehnungsmeßbrücke - Bauart
Brandau, Type DD1 - eingebaut. Die elektrischen Werte der Dehnungen

wurden von einem Schleifenoszillographen in ihrem zeitlichen Verlauf aufgeschrieben.

Ferner gehörte zu der Versuchseinrichtung ein Geber für den Stauchweg; es war ein Präzisions-Schleifdrahtgeber, bei dem sich der Widerstand mit dem Weg änderte.

Zur Bestimmung der Probentemperatur wurde für den Bereich von 20 ... 700 °C ein Stechthermoelement und für den Bereich von 700 ... 1300 °C ein Teilstrahlungspyrometer verwendet. Im Teilstrahlungspyrometer wird die Helligkeit des Glühfadens einer Glühlampe so lange verändert, bis sie mit der Helligkeit der Probe übereinstimmt. Um den Vergleich gleichfarbiger Strahlung zu erreichen, ist vor die Okularlinse ein Rotfilter geschaltet.

Bei dem Stechthermoelement bildet sich die Kontaktstelle erst durch Berühren der beiden Meßspitzen, die aus Nickel und Nickelchrom bestehen, mit der elektrisch leitenden Probenoberfläche. Dieses Gerät arbeitet verhältnismäßig trägheitslos.

3.12 Die Versuchsdurchführung

3.121 Versuche mit Proben aus Stahl

Der zur Verfügung stehende Probenwerkstoff hatte folgende Analyse:

C	Si	Mn	P	S	Cr	
0,091	0,1	0,35	0,025	0,079	-	%

Das Durchmesser-Höhenverhältnis der Proben betrug $d_o/h_o = 0,67$ bei $d_o = 40$ mm. Sie wurden in einem elektrischen Widerstandsofen auf 1130 °C erwärmt. Damit sie dabei möglichst wenig verzunderten, waren sie von Schutzhülsen allseitig umgeben. Die Proben wurden dann mit der unter 3.11 beschriebenen Vorrichtung in einer hydraulischen Versuchspresse (s. Anhang 2) von $h_o = 60$ mm auf $h_1 = 20,5$ mm entsprechend $\varphi_{01} \approx 1,1$ gestaucht. Die größte Preßkraft der Maschine betrug 250 t; ihr Arbeitsvermögen überschritt das benötigte bei weitem. Der Hub des Steuerschiebers war so eingestellt, daß die Stößelgeschwindigkeit v = const = 0,1 m/s betrug.

Es wurden jeweils drei Proben gleichzeitig in den Ofen eingesetzt. Nach einer Wärmzeit von 25 min konnte die erste gezogen und auf die untere Stauchbahn aufgesetzt werden. Sie wurde durch das Teilstrahlungspyrometer anvisiert und bei einer Oberflächentemperatur von 1050 °C gestaucht.

Dabei berührte der Spannungsmeßstift die Probenstirnfläche im Mittelpunkt. Anschließend wurde die Kraftmeßdose mit der unteren Stauchbahn mehrere Male um je 5 mm verschoben, bis der Spannungsmeßstift schließlich am Probenrande stand. An jeder Meßstelle wurde die Messung an jeweils drei oder mehr frisch eingesetzten Proben wiederholt. Der zylindrische Ansatz des Meßstiftes wurde während der Versuche mit Paste Molykote G geschmiert, um den Reibwiderstand in der Durchtrittsbohrung des Gesenks kleinzuhalten.

3.122 Versuche mit Proben aus einer Al-Cu-Mg-Legierung

Das Durchmesser-Höhenverhältnis der Proben betrug auch hier $d_o/h_o = 0{,}67$ bei $d_o = 35$ mm. Vom Hersteller wird für diesen Werkstoff folgende Zusammensetzung angegeben:

Cu	Mg	Mn	<u>Pb Zn Cd Bi</u>	Al	
2,5...5,0	0,2...1,8	0,3...1,5	0,5...2,5	Rest	%

Die günstigste Umformtemperatur wurde in Vorversuchen zu 440 °C bestimmt und mit dem Stechthermoelement gemessen. Die Proben wurden von $h_o = 52$ mm auf $h_1 = 19{,}5$ mm entsprechend $\varphi_{01} \approx 1$ gestaucht. Im übrigen entsprach die Versuchsdurchführung der bei den Stahlproben.

3.13 Versuchsergebnisse

Wir betrachten zunächst den Normalspannungsverlauf an den Punkten 1 - 4 der Stahlproben in Abhängigkeit vom Stauchweg $h_o - h$ (Abb. 11, 12). Diese Meßstellen liegen innerhalb des Ausgangsdurchmessers d_o, so daß die Probe den Spannungsmeßstift bereits bei Stauchbeginn überdeckt. Nach einem raschen Anstieg der Normalspannung zu Beginn der Stauchung folgt der schon früher von C. SOBBE so genannte Abschnitt des "intensiven Fließens", der dadurch gekennzeichnet ist, daß sich die Normalspannung über dem Stauchweg kaum ändert. Mit abnehmender Probenhöhe und zunehmender Breitung steigt die Normalspannung erwartungsgemäß stark an. Der Beginn dieses Ansteigens verschiebt sich um so mehr zu größeren Stauchwegen, je weiter die Meßstelle von der Probenmitte entfernt liegt. Abbildung 13 zeigt den Normalspannungsverlauf an den Meßstellen 5 und 6, die bereits auf bzw. außerhalb des Ausgangsdurchmessers d_o der Probe liegen. Erst wenn der obere Probendurchmesser nach 11,5 mm Stauchweg 41,25 mm beträgt (Punkt A in Abb. 14), ist der Spannungsmeßstift an der Meßstelle 5 vollständig überdeckt, d.h., nun erst zeigt er die wirklich hier herrschende Normalspannung an. Sie steigt rasch mit zunehmendem

Stauchweg, erreicht nach 23,5 mm Stauchweg einen Höchstwert und fällt dann ebenso rasch wieder auf den Ausgangswert ab. Dieser Verlauf ist schwer zu deuten. Möglicherweise ist er dadurch zu erklären, daß der Meßpunkt zu Beginn der Untersuchung am Probenrande liegt und somit besonders stark abkühlt, daher der schnelle Anstieg und die hohen Werte der Normalspannung. Nach 23,5 mm Stauchweg liegt der Meßpunkt fast 2,5 mm vom Probenrand entfernt. Der Temperaturausgleich macht sich bemerkbar, und die Normalspannung fällt wieder. Ähnlich verläuft sie an der Meßstelle 6. Die Annahme, daß dieser Kurvenverlauf auf Temperatureinflüsse zurückzuführen ist, wird dadurch bestärkt, daß er auch beim Warmstauchen von Proben aus einer Al-Cu-Mg-Legierung (Kurve 5 in Abb. 16) beobachtet wurde, während er sich beim Kaltstauchen von Proben aus einer Al-Mg-Si-Legierung nicht einstellte (Kurven 4 und 5 in Abb. 57).

Mit diesen Meßwerten läßt sich nun die Normalspannungsverteilung über der Preßfläche in Abhängigkeit vom Stauchweg $h_o - h$ auftragen (Abb. 15). Überraschenderweise ergibt sich ein vollständig anderes Bild als im Schrifttum für den Normalspannungsverlauf an Proben mit großem Verhältnis d/h angegeben wird. Bis etwa zu einem Stauchgrad von $\varphi = 0,54$ ist die Normalspannung am Probenrand am größten und hat in Probenmitte ein Minimum. Dieser andersartige Spannungsverlauf ist aus dem teilweise elastischen Verhalten des Werkstoffs zu erklären.

Eine interessante Parallele hierzu findet sich bei A. FÖPPL. Er gibt eine ähnliche Spannungsverteilung an der Grundfläche eines starren Fundaments auf nachgiebigem Untergrund an. Als weitere Erklärung für dieses Verhalten kann die plötzliche Abkühlung der Probe an den Preßflächen durch die kalten Stauchbahnen im Augenblick des Umformbeginns angeführt werden. Die dadurch entstehende kältere Außenschicht der Probe verhält sich zunächst überwiegend elastisch. Erst nach einer Stauchung von $h_o = 60$ mm auf $h = 35$ mm ($d/h \approx 1,32$) scheint sie dem plastischen Verhalten des übrigen Werkstoffs zu folgen, denn nun verschiebt sich das Spannungsminimum in Probenmitte zu höheren Werten. In diesem Augenblick treffen auch etwa die Gebiete behinderter Formgebung zusammen, die man sich als Kegel über der Preßfläche mit stark abgerundeter Spitze vorstellen kann. Das Anwachsen der Normalspannung in Probenmitte wird in den beiden folgenden Diagrammen noch deutlicher. Gleichzeitig sinkt die Spannung am Probenrand, bis sich schließlich bei $\varphi_{01} = 1,07$ ($d/h = 3,15$) annähernd das bekannte Bild zeigt.

Den beim Stauchen von Proben aus der Al-Cu-Mg-Legierung gemessenen
Normalspannungsverlauf in Abhängigkeit vom Stauchweg $h_o - h$ an den
Meßstellen 1 bis 5 zeigt Abbildung 16. Die letzte Kurve 5 hat den gleichen eigenartigen Verlauf wie die Kurve in Abbildung 13 bei Stahl. In
Abbildung 17 ist die Normalspannungsverteilung über der Preßfläche aufgetragen. Für diese Legierung gilt qualitativ das gleiche wie für Stahl;
die Form der Normalspannungsverteilung scheint daher vom Werkstoff unabhängig zu sein.

Zur Stützung dieser Meßergebnisse wurden Versuche mit einem Schlitzwerkzeug durchgeführt. Die untere Stauchbahn bestand aus zwei Hälften, die
durch einen 2,5 mm breiten, senkrechten Schlitz getrennt waren. Die
Probe wurde so auf das Unterwerkzeug aufgesetzt, daß eine Durchmesserlinie mit der Mittellinie des Schlitzes zusammenfiel. Beim Stauchen
tritt nun Werkstoff in den Schlitz aus, so daß sich an der unteren Preßfläche der Probe in Durchmesserrichtung ein Grat bildet. Dabei muß an
jedem Punkt des Schlitzes die Höhe dieses Grates eine Funktion der dort
herrschenden Normalspannung sein. M.a.W. wenn sich die gemessene Spannungsverteilung beim Stauchen einer zylindrischen Probe einstellt, so
muß der in den Schlitz austretende Grat eine ähnliche Form haben.

Die Versuche wurden bei 1050 °C mit zylindrischen Proben aus Ck 15 von
35 mm Ausgangsdurchmesser und mit vier verschiedenen Ausgangshöhen ausgeführt. Für jedes Verhältnis d_o/h_o wurden drei Proben verschieden
stark gestaucht ($\varepsilon = 0{,}43$; $\varepsilon = 0{,}67$; $\varepsilon = 0{,}81$). Die Ergebnisse zeigt
Abbildung 18. Stichprobenweise durchgeführte Stauchungen von Proben aus
einer Leichtmetallegierung ergaben ähnliche Gratformen.

Man sieht sofort, daß unabhängig vom Verhältnis d_o/h_o zu Beginn des
Stauchens die Normalspannung am Rand am größten ist. Mit fortschreitender Stauchung nimmt die Normalspannung dann in Probenmitte zu, bis sich
schließlich bei noch größerer Stauchung das charakteristische Bild für
die bekannte Spannungsverteilung an Proben mit großem Verhältnis d/h
einstellt. Ferner zeigt ein Vergleich der Proben gleichen Stauchgrads
(z.B. $\varepsilon = 0{,}67$) sehr schön die Spannungszunahme mit wachsendem d/h.
Dieser Versuch bestätigt also die Meßergebnisse.

Zur weiteren Überprüfung der Normalspannungsmessungen wurde die Druckspannung q über die Preßfläche F integriert und mit der gemessenen
Stauchkraft $P_{U\,gem.}$ verglichen. Dazu wurde die Druckspannung q nach
folgender Formel entwickelt:

$$q = a + b r + c r^2 + d r^3 \ldots \tag{3}$$

Die Beiwerte a, b, c usw. wurden aus den Meßergebnissen (Abb. 15) für jeden Stauchweg gesondert bestimmt. Es ergab sich dann für die Kraft:

$$P_U = \int_0^F q \, dF = \int_0^{r_{Pr}} q \, 2\pi \, r \, dr$$

Der Wert von r_{Pr} wurde der Abbildung 14 entnommen. Die aus der Druckspannung errechnete Stauchkraft P_U wird mit der gemessenen Stauchkraft P_U gem. in Tabelle 2 verglichen. Die Übereinstimmung der beiden Werte ist gut (s.a. Abb. 19).

<u>T a b e l l e   2</u>

Überprüfung der Druckspannungsmessung

Stauchweg $h_o - h$ [mm]	10	20	25	30	35	39,5
$P_U = \int_0^F q \, dF$ [t]	14,5	18,8	20,5	24,4	32,7	43,2
P_U gem. [t]	14,6	19,1	21,3	24,8	31,3	42,3

3.2 Möglichkeiten für eine Berechnung der Druckspannungsverteilung an den Preßflächen

Wenn es bis heute nicht möglich war, das Stauchen, diesen einfachsten aller Umformvorgänge, rechnerisch zu beherrschen, so läßt dieses Beispiel deutlich werden, daß unüberwindliche Schwierigkeiten bei der Behandlung des weitaus verwickelteren Vorgangs des Gesenkschmiedens entstehen. Die Arbeiten, die sich mit der Berechnung des Druckspannungsverlaufs und damit mit der Berechnung des Kraftbedarfs beim Stauchen befassen, fußen fast alle auf der elementaren Plastizitätstheorie.

Bereits 1932 veröffentlichte SIEBEL [16] eine Berechnung des Formänderungswiderstandes beim breitungslosen Stauchen und beim Stauchen achsensymmetrischer Proben. Er geht dabei von der Annahme aus, daß sich die Reibungskräfte zwischen Probe und Stauchbahn gleichmäßig über die ganze Höhe des Stauchkörpers verteilen. Diese Annahme hat um so größere Berechtigung, je geringer die Höhe im Vergleich zur Breite bzw. zum Durchmesser ist. SIEBEL setzt die Reibungskräfte je Flächeneinheit gleich

$\mu \cdot k_f$ und erhält damit einen besonders einfachen Ausdruck für den Fließwiderstand p im Abstand x von einer freien Seitenfläche:

$$p = \int_0^x 2\mu \; k_f \cdot \frac{dx}{h} = 2\mu \; k_f \cdot \frac{x}{h}$$

Diese Formel sagt aus, daß der Fließwiderstand p um so größer ist, je größer der Reibwert μ und der Abstand x von der freien Seitenfläche sind und je niedriger die Probenhöhe h wird. Der Ansatz der Reibkraft je Flächeneinheit mit $\mu \cdot k_f$ ist indes nicht exakt, weil sie keine Funktion der Formänderungsfestigkeit k_f, sondern der auf die Preßflächen wirkenden Normalspannung q ist.

Im Verlauf der weiteren Rechnung wird angenommen, daß die an den Preßflächen wirkende Druckspannung q um den Wert der Formänderungsfestigkeit k_f größer ist als der Fließwiderstand p, d.h. q und p werden als Hauptspannungen angesehen, was aber wegen der durch die Reibungskräfte hervorgerufenen Schubspannungen sicherlich nur in erster Näherung gilt. Der Druckspannungsverlauf an den Preßflächen wird demnach beschrieben durch:

$$q = k_f + p = k_f \left(1 + 2\mu \frac{x}{h}\right) \tag{4}$$

Ähnlich geht GELEJI [5] vor; er setzt die Reibspannung gleich $\mu \cdot q_m$, wobei q_m die mittlere Normalspannung des betrachteten Probenstreifens von der Breite x ist. Auch GELEJI setzt voraus, daß $p - q = k_f$ ist.

Eine Verfeinerung der obigen Ansätze stellen Arbeiten von UNKSOW [18] sowie von SCHROEDER und WEBSTER [15] dar. Sie berücksichtigen in ihren Rechnungen die aus Versuchen bekannte Tatsache, daß an den Preßflächen je nach Schmierzustand, Oberflächenbeschaffenheit und Probenabmessungen unterschiedliche Reibzustände beobachtet werden. Sie unterscheiden folgende drei Fälle, die durch eigene Beobachtungen bestätigt werden:

1) Es tritt in allen Punkten außer dem geometrischen Mittelpunkt der Preßflächen Gleiten zwischen diesen und den Stauchbahnoberflächen ein.

   Dieses Verhalten zeigt die Preßfläche einer kaltgestauchten Probe aus Pantal 19 (Al-Mg-Si-Legierung). In Abbildung 20 ist der Ausgangsdurchmesser durch Anriß gekennzeichnet. Man sieht, daß die Drehriefen, die vom Abstechen der Probe herrühren, auch nach dem Stauchen noch die ganze Preßfläche einnehmen. Die Probe wurde mit Paste "Molykote G" geschmiert.

2) Es tritt kein Gleiten zwischen Proben- und Stauchbahnoberfläche auf. Die Breitung erfolgt lediglich durch Schiebungen innerhalb des Werkstoffs unterhalb der Preßfläche.

Dies trifft für das dunkle kreisförmige Gebiet in Abbildung 21 zu. Sein Durchmesser entspricht dem Ausgangsdurchmesser der Probe. An den Stauchbahnen änderte er sich während der Umformung nicht. Die Vergrößerung der Preßflächen ergibt sich durch Wälzen von Werkstoff an der Stauchbahn. Abbildung 22 zeigt, daß die ursprüngliche, vom Strangpreßvorgang her schwarzgestreifte Mantelfläche nun einen Teil der Preßfläche ausmacht. Die Probe wurde ohne Schmiermittel kalt gestaucht.

3) Es tritt Gleiten in einer ringförmigen Randzone und Haften in dem von dieser Zone eingeschlossenen Gebiet ein.

Im übrigen machen aber auch diese Verfasser die gleichen vereinfachenden Annahmen wie SIEBEL [16] und GELEJI [5]. Sie setzen das Gleichgewicht am Streifen an, setzen das Ebenbleiben der Querschnitte voraus und rechnen mit einer gleichbleibenden Spannungsverteilung über den Querschnitt. Als Fließkriterium dient die Schubspannungshypothese. Ein Fließgesetz, das eine Beziehung zwischen Spannung und Dehnung angibt, haben sie nicht.

KÖRBER und EICHINGER [8] nehmen aus mehreren Gründen gegenüber den bisher erwähnten Verfassern eine Sonderstellung ein:

1) Sie setzen das Verhalten des warmen Stahles gleich dem viskoser Massen und kommen mit Hilfe des NEWTONschen Ansatzes

$$\tau_{xy} = \eta \cdot \frac{\partial v_x}{\partial y} = \eta \cdot \frac{\partial \gamma_{xy}}{\partial t},$$

worin η der Beiwert der inneren Reibung ist, zu einer Beziehung zwischen Spannung und Formänderungsgeschwindigkeit. Der Koordinatenursprung liegt auf dem Probenrand bei $h/2$. Die positive y-Richtung ist der Bewegungsrichtung der oberen Stauchbahn entgegengesetzt.

2) Ihre Berechnung geht von der Gleichgewichtsbetrachtung am Volumenelement aus.

3) Sie versuchen, die Ausbauchung der Probe zu berücksichtigen, indem sie annehmen, daß ehemals senkrechte Linien nach der Umformung parabelförmig verlaufen.

Dennoch gelingt auch ihnen eine exakte Lösung des Problems nicht. Die für das Gleitgebiet gefundene Lösung erfüllt die Randbedingungen nicht. Bei der Rechnung für das Haftgebiet stehen mehr Gleichungen als Unbekannte zur Verfügung. Das hat notwendigerweise zur Folge, daß nicht alle Gleichungen erfüllt sein können.

Die Ergebnisse der beschriebenen Arbeiten werden in Abbildung 23 miteinander verglichen. Dabei wurde für den Reibwert einheitlich $\mu = 0,25$ eingesetzt. Die Kurven von GELEJI (Kurve 2) sowie von KÖRBER und EICHINGER (Kurve 1) stimmen nur für kleine Werte von l/h bzw. d/h mit den übrigen überein; im oberen Bereich liefern sie Werte für k_w/k_f, die ein Vielfaches der anderen Lösung betragen.

Zusammenfassend kann man sagen, daß die elementare Theorie mit folgenden Voraussetzungen rechnet:

1) Die Hauptspannungsrichtungen sind vorgegeben. Die mittlere Hauptspannung steht senkrecht zur Verformungsebene.

2) Ebene Querschnitte bleiben eben, bzw. Kreiszylinder bleiben Kreiszylinder.

3) Für den Fließbeginn ist das TRESCAsche Fließkriterium bestimmend.

4) Am äußeren Rand der Probe wirken nur Reibungskräfte, aber keine Massenkräfte.

Die Haupteinwände gegen diese Theorie beziehen sich auf die ersten beiden Voraussetzungen. Die Hauptspannungsrichtungen fallen wegen der durch die Preßflächenreibung hervorgerufenen Schubspannung τ sicherlich nicht mit der Richtung der Druckspannung q und der des Fließwiderstandes p zusammen. Außerdem verzerren sich ebene Querschnitte während der Umformung.

Ein weiterer Nachteil der besprochenen Ansätze besteht darin, daß in jeder Formel der Reibwert μ enthalten ist und es bisher noch kein Verfahren gibt, ihn zu bestimmen.

Es wurde deshalb ein anderer Weg zur Bestimmung des Normalspannungsverlaufs und des Formänderungswiderstands gewählt. Er setzt sich nach LIPPMANN [11] aus vier einzelnen Schritten zusammen:

1) Von den vorhandenen Formeln der elementaren Theorie, die den Normalspannungsverlauf auf der Preßfläche beschreiben, wird eine nicht zu verwickelte als Grundlage gewählt.

2) Die wichtigsten Einflußgrößen werden herausgeschält.

3) Die ausgewählte Formel wird durch eine Funktion der Einflußgrößen ersetzt, die zunächst mehrere unbekannte Beiwerte besitzt.

4) Diese Beiwerte werden in Versuchen bestimmt.

Im vorliegenden Falle wurde die weiter oben bereits erwähnte Formel von SIEBEL [16] benutzt:

$$q = k_f \left(1 + 2\mu \frac{x}{h}\right) \qquad (4)$$

Die Normalspannung q wird also von folgenden physikalischen und geometrischen Größen beeinflußt:

$$k_f, \ \mu \ \text{und} \ \frac{x}{h}.$$

Die Formänderungsfestigkeit k_f kann im Versuch ermittelt werden, während sich der Reibwert μ schlecht bestimmen läßt. Deshalb wird folgender allgemeine Ansatz gemacht:

$$q = k_f \cdot f\left(\mu, \frac{x}{h}\right) \qquad (5a)$$

wobei

$$f\left(\mu, \frac{x}{h}\right) = 1 + a\frac{x}{h} + b\left(\frac{x}{h}\right)^2 + c\left(\frac{x}{h}\right)^4 \qquad (5b)$$

gesetzt wird, so daß sich für die Normalspannung ergibt:

$$q = k_f \left[1 + a\frac{x}{h} + b\left(\frac{x}{h}\right)^2 + c\left(\frac{x}{h}\right)^4\right] \qquad (5)$$

Damit ist die Aufgabe bis auf das Bestimmen von k_f und der Beiwerte a, b, c gelöst. Aus Gleichung (5) ergibt sich, daß dazu die Formänderungsfestigkeit k_f und für verschiedene Werte von $\frac{x}{h}$ die Normalspannung q zu messen ist. Wenn dies im Kaltstauchversuch mit Proben aus Pantal 19 (Al Mg Si) geschah, so waren dafür die günstigeren Versuchsbedingungen gegenüber dem Warmstauchversuch entscheidend. Insbesondere gehen keine Temperatur- und Geschwindigkeitseinflüsse ein. Man kann die Versuche somit bei kleiner Stößelgeschwindigkeit ausführen, was beim reibungsfreien Stauchversuch zum Bestimmen der Formänderungsfestigkeit sehr erwünscht ist. Im einzelnen sind die Versuchsbedingungen im Anhang 3 beschrieben. Inwieweit die Ergebnisse dieser Untersuchung auf den Warmstauchversuch ausgedehnt werden können, wird später abgeschätzt.

In den Abbildungen 24 und 25 ist für vier verschiedene Werte von d/h und φ der Normalspannungsverlauf an den Preßflächen dargestellt. Es hat sich der für flache Proben charakteristische glockenförmige Verlauf der Normalspannung eingestellt. Mit zunehmendem d/h ändert sich die Spannung am Probenrande ($\frac{x}{h}$ = 0) sehr langsam - entsprechend der Änderung von k_f mit φ (Abb. 26) - während die Spannung in Probenmitte rasch ansteigt. Für gleiche Werte von $\frac{x}{h}$ ergeben sich mit wachsendem d/h, besonders bei Annäherung an die Probenmitte, wachsende Werte von q/k_f, d.h. eine allgemein gültige Beziehung zwischen q/k_f und x/h, wie sie Gleichung (5) darstellt, läßt sich nur für einen bestimmten Bereich der Preßfläche aufstellen, weil q/k_f nicht nur von x/h, sondern, wie sich jetzt zeigt, in Probenmitte außerdem noch von d/h abhängig ist. Die für vier Verhältnisse von d/h berechneten Beiwerte a, b, c der Gleichung (5) enthält Tabelle 3.

T a b e l l e 3

Beiwerte der Gleichung (5) in Abhängigkeit vom Verhältnis d/h

d/h	a	b	c
4,42	0,742	0,061	- 0,031
5,23	0,512	0,384	- 0,062
6,34	0,642	0,247	- 0,024
8,33	0,523	0,27	- 0,013

Um den Bereich, in dem d/h den Spannungsverlauf beeinflußt, zahlenmäßig angeben zu können, wurden für vier verschiedene Verhältnisse von d/h die Werte q/k_f über dem Verhältnis r/h aufgetragen (Abb. 27). Für r/h > 1 ergeben sich in guter Näherung Geraden gleicher Steigung. Lediglich für $0 < \frac{r}{h} < 1$ weichen die Werte q/k_f von diesen Geraden ab, die durch die folgende Gleichung beschrieben werden:

$$\frac{q}{k_f} = 1 + 0,46 \frac{d}{h} - 0,92 \frac{r}{h}$$

oder mit $r = \frac{d}{2} - x$ folgt:

$$\frac{q}{k_f} = 1 + 0,92 \frac{x}{h} \qquad (6)$$

Gleichung (6) gilt für d/h = 4...9 und $x \leq \frac{d}{2} - h$.

Man sieht, daß Gleichung (6) dem SIEBELschen Ansatz (Gl. 4) entspricht. Es ist lediglich zu beachten, daß sie den Druckspannungsverlauf in Probenmitte nicht richtig wiedergibt.

Um zu prüfen, inwieweit Gleichung (6) auch für das Warmstauchen gilt, wurde sie in den Abbildungen 15f und 17f mit den durch Messen ermittelten Spannungsverläufen verglichen. Bereits für die verhältnismäßig kleinen Werte von d/h (3 bzw. 2) stimmen die Kurven ziemlich gut überein, so daß man annehmen kann, daß für größere Werte von d/h die Spannungsverteilung beim Warmstauchen der beim Kaltstauchen gefundenen ähnlich ist.

Diese Annahme wird noch durch einen Vergleich der Meßergebnisse des Kaltstauchversuchs mit Versuchsergebnissen aus Warmstauchversuchen von SCHROEDER und WEBSTER [15] sowie HENNECKE [7] gestützt. Weil sie keine Spannungsmessungen ausführten, kann der Vergleich nur über den Verhältniswert k_w/k_f erfolgen. Diesen erhalten wir durch Weiterentwickeln der Gleichung (5):

$$q = k_f \left[1 + a\frac{x}{h} + b\left(\frac{x}{h}\right)^2 + c\left(\frac{x}{h}\right)^4 \right] \tag{5}$$

Durch Integration über die runde Preßfläche erhält man die Umformkraft P_U zu:

$$P_U = 2\pi \int_0^{x=\frac{d}{2}} \left(\frac{d}{2} - x\right) \cdot q \cdot dx$$

oder mit Gleichung (5):

$$P_U = 2\pi \, k_f \int_0^{x=\frac{d}{2}} \left\{ \left(\frac{d}{2} - x\right)\left[1 + a\frac{x}{h} + b\left(\frac{x}{h}\right)^2 + c\left(\frac{x}{h}\right)^4 \right] \right\} dx$$

Nach der Zwischenrechnung folgt daraus:

$$P_U = \pi \frac{d^2}{4} \cdot k_f \left[1 + \frac{a}{6} \cdot \frac{d}{h} + \frac{b}{24}\left(\frac{d}{h}\right)^2 + \frac{c}{240}\left(\frac{d}{h}\right)^4 \right]$$

oder für den über die Preßfläche ($F = \pi \frac{d^2}{4}$) gemittelten Formänderungswiderstand k_w:

$$k_w = \frac{P_U}{F} = k_f \left[1 + \frac{a}{6} \cdot \frac{d}{h} + \frac{b}{24}\left(\frac{d}{h}\right)^2 + \frac{c}{240}\left(\frac{d}{h}\right)^4 \right]$$

Damit folgt für das Verhältnis k_w/k_f:

$$\frac{k_w}{k_f} = 1 + \frac{a}{6} \cdot \frac{d}{h} + \frac{b}{24} \left(\frac{d}{h}\right)^2 + \frac{c}{240} \left(\frac{d}{h}\right)^4 \qquad (7)$$

Setzt man nun die in Tabelle 3 angegebenen Werte für a, b, c in Gleichung (7) ein, so stimmen die sich ergebenden Wertereihen k_w/k_f bis zu dem Wert von d/h gut überein, für den die Beiwerte a, b, c bestimmt sind (Tab. 4).

T a b e l l e 4

Berechnung des Verhältnisses k_w/k_f in Abhängigkeit von d/h nach Gleichung (7)

d/h k_w/k_f	2	4	6	8
bis d/h = 4,42	1,26	1,52	-	-
bis d/h = 5,23	1,23	1,52	-	-
bis d/h = 6,34	1,25	1,56	1,87	-
bis d/h = 8,33	1,22	1,51	1,85	2,2

Die derart ausgewertete Gleichung (7) ist in Abbildung 28 als Kurve 3 dargestellt. Sie ist so schwach gekrümmt, daß sie für den praktischen Gebrauch im Bereich von $\frac{d}{h}$ = 0....8 durch eine Gerade von der Form

$$k_w/k_f = 1 + 0{,}14 \frac{d}{h} \qquad (8)$$

ersetzt werden kann. Der Fehler ist nicht größer als 3 %.

Die Kurve 3 stimmt mit der von SCHROEDER und WEBSTER [15] angegebenen Funktion 2, die von ihnen durch Kalt- und Warmstauchversuche mit Al- und Mg-Legierungen bestätigt wurde, gut überein. Ferner verläuft die von HENNECKE [7] angegebene Kurve ähnlich wie die aus eigenen Versuchen. Daß sie kleinere Werte liefert, mag daran liegen, daß HENNECKE geschliffene Stellit-Stauchbahnen benutzte, so daß der Reibwert wahrscheinlich kleiner war.

3.3 Zusammenfassung zu Abschnitt 3

Im obigen Abschnitt wurde die Normalspannungsverteilung an den Preßflächen beim Stauchen zylindrischer Proben näher untersucht. Für Proben mit einem großen Verhältnis d/h werden im Schrifttum mehrere Lösungen angegeben, die mit Hilfe der elementaren Plastizitätstheorie aufgestellt wurden. Wegen der genannten Einwände gegen diese Theorie und wegen des Fehlens von Zahlenwerten für den Reibwert μ wurde versucht, durch Rechnung und Versuch zu einer formelmäßigen Beziehung zwischen den geometrischen Größen der Probe einerseits und der Normalspannung an der Preßfläche sowie der Formänderungsfestigkeit andererseits zu kommen.

Es zeigte sich, daß die aufgestellte Gleichung (5) jeweils nur für einen bestimmten Wert von d/h erfüllt war; denn entgegen der bisherigen Ansicht ist der Spannungsverlauf in der Mitte der Preßflächen auch vom Verhältnis d/h abhängig. Auf Grund der Meßergebnisse beim Kaltstauchen von Pantal 19 konnte für den untersuchten Bereich eine Beziehung angegeben werden, die auch den Spannungsverlauf beim Warmstauchen von Stahl und einer Al-Cu-Mg-Legierung in erster Näherung beschreibt:

$$\frac{q}{k_f} = 1 + 0,92 \frac{x}{h} \qquad (6)$$

Sie gleicht dem SIEBELschen Ansatz.

Der Spannungsverlauf an den Preßflächen beim Warmstauchen wurde für die beiden letzten Werkstoffe auch an den Proben mit kleinem d/h gemessen. Er ist von der durch Gleichung (6) beschriebenen Form völlig verschieden. Am Rande nämlich erreicht die Spannung einen Höchstwert, während sich in der Mitte der Preßfläche ein Kleinstwert einstellt. Diese Abweichung erklärt sich aus dem elastischen Verhalten der Außenschicht der Probe, die durch die Berührung mit den kalten Stauchbahnen rascher abkühlt als der übrige Werkstoff.

4. Untersuchung des Steigvorgangs im Gesenk mit Gratspalt in Hammer und Presse

Nachdem im zweiten Abschnitt die bis jetzt noch nicht befriedigenden Kenntnisse über den Steigvorgang beschrieben und im dritten Abschnitt der Stauchvorgang durchleuchtet wurde, soll es die Aufgabe dieses Abschnitts sein, die wesentlichen Einflüsse auf den Steigvorgang zu untersuchen, nämlich

>   die Probenausgangsform,
>   die Auftreffgeschwindigkeit und
>   die Gratbahn.

Weil in der Praxis die weitverbreitete Ansicht besteht, daß die Massenkräfte beim Schmieden im Hammer eine wesentliche Rolle hinsichtlich des

Ausfüllens der Form spielen, wurde dieser Einfluß vorher durch Rechnung und Versuch bestimmt. Für die gewählte Gesenkform (Abb. 1 Mitte) ergab sich, daß die durch die Massenkräfte hervorgerufene Spannung zwei Größenordnungen kleiner ist als der Formänderungswiderstand des Werkstoffs Ck 10 (Anhang 4). Damit ist nachgewiesen, daß die Massenkräfte für den Umformvorgang bedeutungslos sind.

Für die Untersuchung der obigen Einflußgrößen schien es ratsam, eine runde Form zu betrachten. Diese läßt im Vergleich zu anderen den Vorgang besser übersehen, weil das freie Stauchen zugleich auf dem gesamten Umfang der Probe in eine geführte Umformung übergeht. Es wurde ein einseitiges Zapfengesenk mit Gratspalt gewählt (Abb. 1 Mitte). Als Kenngröße des Steigens dient die Steighöhe des Zapfens. Das Einsatzvolumen ist deshalb so bemessen, daß die Gravur nie völlig ausgefüllt wird. Dadurch unterscheidet sich der Versuch vom praktischen Fall. Denn hier arbeitet man aus Sicherheitsgründen immer mit etwas Werkstoffüberschuß, der nach dem Ausfüllen der Gravur durch den Gratspalt verdrängt werden muß, bis sich die Aufschlagflächen berühren. Auch im Versuch fließt Werkstoff durch den Gratspalt, gleichzeitig hat er aber bis zum Ende des Umformvorgangs die Möglichkeit, in den Zapfen zu steigen. Der Versuch kennzeichnet den wirklichen Vorgang somit nur bis zur vorletzten Phase. Nur im theoretischen Fall, daß beim wirklichen Schmiedevorgang die Werkstoffmenge so bemessen wäre, daß beim Aufsetzen der Gesenke aufeinander die Gravur gerade ausgefüllt wäre, entsprächen Versuch und Praxis einander. Der Versuch beschreibt daher den Steigvorgang bis zum Füllen der Gravur richtig. Das Fließverhalten im Gratspalt gibt er in der letzten Phase nicht wieder, da beim Verdrängen des Werkstoffüberschusses höhere Durchtrittsgeschwindigkeiten zu erwarten sind.

4.1 Versuchsplanung

4.11 Die Veränderlichen

Es wurde bereits darauf hingewiesen, daß die Gravur um so besser ausgefüllt wird, je mehr das Fließen des Werkstoffs im Gratspalt behindert wird. Dies geschieht durch Reibung des Werkstoffs an der Gratbahn und durch Verfestigung infolge Abkühlung des dünnen Gratquerschnitts durch das kalte Gesenk. Beide Faktoren können durch die Gratbahnausbildung beeinflußt werden (s. 2.24).

a) Fließbehinderung durch Reibung

Die bei der gleitenden Bewegung auftretende tangentiale Reibkraft setzt man in der Regel nach COULOMB proportional der Normalkraft

$$P_T = \mu \cdot P_N$$

Übertragen auf den vorliegenden Fall bedeutet das, daß je höher die Normalspannung in der Gratbahn ist, desto größer die Reibkraft ist und desto besser die Hohlform ausgefüllt wird.

Die Reibkraft im Gesenk läßt sich nicht unmittelbar messen, wohl aber die Normalkraft. Wegen des oben angegebenen Zusammenhangs sind jedoch Aussagen über die Änderung der Reibkraft mit der Normalkraft möglich.

Im dritten Teil haben wir gefunden, daß die Druckspannung an einer bestimmten Stelle der Preßfläche, die durch die Koordinate x gekennzeichnet ist, um so größer ist, je größer die Formänderungsfestigkeit und das Verhältnis des Abstands x vom Rand zur Höhe h sind (Gleichung 6).

Diese Beziehung wurde zwar für das Kaltstauchen von Pantal 19 zwischen ebenen Bahnen gefunden, dennoch kann sie qualitativ auf den Umformvorgang in der Gratbahn beim Schmieden von Stahl übertragen werden. Quantitative Aussagen über die Höhe der Druckspannung sind allerdings wegen der anderen Geometrie des Werkzeugs und den veränderten Reibungs- und Temperaturverhältnissen nicht daraus abzuleiten.

Wir betrachten nun den Gratansatz, d.i. die Stelle, wo der Grat an das Schmiedestück anstößt (Abb. 8). Für ihn ist x = b und h = s. Damit nimmt Gleichung (6) folgende Form an:

$$q/k_f = 1 + 0{,}92 \; b/s \qquad (6a)$$

Durch die Wahl der Gratbahnabmessungen (b, s) läßt sich die Druckspannung am Gratansatz und damit der Widerstand gegen Austreten von Werkstoff durch den Gratspalt beeinflussen. Aus Gleichung (6a) lesen wir für die Druckspannung am Gratansatz ab:

Bei gegebener Formänderungsfestigkeit k_f ist sie um so größer, je größer das Gratbahnverhältnis b/s ist (Abb. 29, obere Reihe). Es kommt also nur auf das Verhältnis von b/s an und nicht darauf, ob b und s selbst groß oder klein sind.

b) Fließbehinderung durch abkühlenden Grat

Die obige Erkenntnis gewannen wir, indem wir die Stauchgleichung (6) allein auf den Grat anwandten. Unabhängig davon ziehen wir nun in Betracht, daß sich der Grat durch Abkühlung verfestigt und damit höhere Stauchkräfte erfordert, bis die Gesenke aufeinanderschlagen. Dadurch erhöhen sich die Reibkräfte, die dem Durchfließen von Stoff durch den Gratspalt entgegenwirken; wir fragen uns deshalb, bei welchen Gratbahnabmessungen die stärkste Abkühlung zu erwarten ist, wenn ein bestimmtes Volumen in den Grat geht. Die Antwort lautet (Abb. 29, untere Reihe):

Bei gleichbleibendem Gratbahnverhältnis b/s und bei kleinen Werten für b uns s tritt das Gratvolumen zum Teil in den Gratkanal. Je mehr b und s zunehmen, desto mehr Gratvolumen befindet sich zwischen den Gratbahnen; desto größer ist dann die Abkühlung zu erwarten.

Hieraus geht im Gegensatz zu Punkt a) hervor, daß zufolge der Abkühlung eine größere Gratdicke steigernd auf die Druckspannung am Gratansatz wirken kann.

Der Einfluß der Gratbahn läßt sich nur abschätzen, ihre tatsächliche Wirkung auf den Umformvorgang muß im Versuch bestimmt werden. Es soll daher der Einfluß verschiedener Gratbahnverhältnisse - und innerhalb dieser der Einfluß der absoluten Abmessungen von Gratbahnbreite b und Gratdicke s - auf das Steigen für die gewählte Gravurform untersucht werden. Hierzu wurden sieben Gesenke mit gleicher Gravur, aber verschiedenen Gratbahnabmessungen hergestellt. Tabelle 5 gibt in Abhängigkeit vom Gratbahnverhältnis b/s und der Gratdicke s die Gratbahndicke b an. Der Bereich von b/s entspricht dem in der Praxis gebräuchlichen.

Tabelle 5

Gratbahnabmessungen

b/s \ s	1,0	1,4	2,0
2,5	2,5+	3,5+	5,0
5,0	5,0	7,0	10,0
10,0	-	14,0	-

Die Versuche wurden mit allen Gesenken in drei verschiedenen Umformmaschinen gefahren, um den Einfluß der Auftreffgeschwindigkeit zu ermitteln. Es standen ein Riemenfallhammer mit 6,3 m/s Auftreffgeschwindigkeit und eine Schwungradspindelpresse mit 0,29 m/s Auftreffgeschwindigkeit zur Verfügung. Um auch die Erscheinungen unterhalb der üblichen Geschwindigkeit zu beobachten, wurde die hydraulische Versuchspresse dazugenommen, deren Steuerschieber so eingestellt war, daß die Stößelgeschwindigkeit v = 0,1 m/s betrug. Anhang 2 enthält die Daten der drei Maschinen im einzelnen. Eine Kurbelpresse stand leider nicht zur Vergügung.

In den benutzten Maschinen sind wegen ihrer verschiedenen Stößel- bzw. Bärgeschwindigkeiten unterschiedliche Auswirkungen auf den Umformwiderstand, die Abkühlung des Schmiedestücks, den Arbeits- und den Kraftbedarf usw. zu erwarten.

Als dritte Größe wurde die Ausgangsform der Proben geändert. Es wurden etwa folgende Abmessungen bei gleichem Gewicht ($164^{+1,0}$ g) gewählt:

$$27 \emptyset \times 36 \text{ mm} \quad \text{und}$$
$$36 \emptyset \times 20 \text{ mm}.$$

Frühere Versuche [3] hatten gezeigt, daß hohe schlanke Proben höhere Steighöhen ergeben als niedrige. Diese haben aber vor den hohen häufig folgende Vorteile:

1) Geringerer Arbeitsbedarf wegen besserer Anpassung an die Endform.

2) Die Probe zentriert sich selbst beim Einlegen in die Gravur.

Gerade der zweite Punkt ist für die Praxis sehr bedeutungsvoll, weil einseitig eingelegte Blöckchen leicht nicht gleichmäßig gefüllte Gravuren und versetzte Schmiedestücke nach sich ziehen. Es wurde daher untersucht, ob diese Vorteile wirklich mit geringerer Steighöhe bezahlt werden müssen.

4.12 Die Meßgrößen

Durch Messen des zeitlichen Verlaufs der Kraft und des Umformwegs wurden die Kraft- und Arbeitsbeträge ermittelt. Durch Eliminieren der Zeit wird der Kraftverlauf über dem Stauchweg gewonnen und daraus durch Planimetrieren die verbrauchte Umformarbeit bestimmt.

Darüber hinaus sind Aufschlüsse über die herrschenden Spannungen von Interesse. Die mittlere Normalspannung in einem bestimmten Stadium ergibt sich durch Division der Augenblickskraft durch den Augenblicksquerschnitt. Die so bestimmte mittlere Normalspannung kennzeichnet jedoch

nicht die Spannungsverteilung über der Probe. Interessanter ist der
Vergleich der örtlichen Normalspannung im Flansch und in der Gratbahn
der Gravur. Es wurde deshalb mit zwei Meßstiften die Normalspannung in
der Gratbahn und die Normalspannung im Flansch gemessen.

Um Aufschluß über den Werkstofffluß bei der Umformung zu bekommen,
wurde sie stufenweise ausgeführt und auf Grund dessen die Steig- und
die Grataustrittsgeschwindigkeit bestimmt.

Auch die sog. Druckberührzeit wurde gemessen, weil sie nach BECK [1]
die Schmiedestückabkühlung und damit die Formänderungsfestigkeit des
Werkstoffs beeinflußt. Hierfür wurde ein einfaches Meßverfahren entwickelt, zumal auch in Schmiedebetrieben die Druckberührzeit wegen
ihrer allgemeinen Bedeutung als Kenngröße für Umformmaschinen bestimmt
werden muß.

4.13 Das Versuchsprogramm

Die voraufgegangenen Überlegungen führten zu einer Unterteilung des
Versuchsprogramms in zwei Abschnitte:

Im ersten wird der Umformvorgang in Stufen durchgeführt und damit die
Steig- und Grataustrittsgeschwindigkeit bestimmt. Bei diesen Versuchen
wurde nur der Einfluß der Umformmaschine und der Probenausgangsform,
aber nicht der der Gratbahnabmessungen auf die Gleitgeschwindigkeiten
untersucht.

Im zweiten Abschnitt wird der Umformvorgang in einem Hub durchgeführt,
um den Einfluß der Auftreffgeschwindigkeit, der Gratbahnabmessungen
und der Probenausgangsform auf den Kraft- und Arbeitsbedarf, die örtliche Normalspannung und die Druckberührzeit zu ermitteln.

In Abbildung 30 ist das Versuchsprogramm übersichtlich dargestellt.

4.2 Der Versuchsaufbau

In den einzelnen Umformmaschinen war der Versuchsaufbau gleich. Lediglich am Riemenfallhammer erwies es sich als zweckmäßig, eine zusätzli-
che Schaltung anzubringen, um den Filmvorschub an dem zum Registrieren
der Meßwerte verwendeten Schleifenoszillographen kurzzeitig im Augenblick des Umformens einzuschalten. Die Meßanordnung wird an Hand der
Abbildungen 31 und 32 kurz beschrieben. Nähere Einzelheiten über die
Messung des Umformwegs, der Druckberührzeit sowie der Steig- und Grataustrittsgeschwindigkeit enthalten die Anhänge 5 bis 7.

Die Spannungsmeßstifte 3 konnten aus Platzgründen nur in der zapfenlosen
Hälfte 1 des Gesenks untergebracht werden (Abb. 31). Diese mußte als
Oberwerkzeug arbeiten, um unnötige Temperatureinwirkungen auf die Meßstifte zu vermeiden. So kommt es, daß der Zapfen, entgegen aller praktischen Erfahrung, im Untergesenk 2 liegt. Es konnte jedoch nachgewiesen werden, daß dies ohne Einfluß auf die Steighöhe ist. Das Obergesenk
1 wird in einen Gesenkhalter eingepreßt, das Untergesenk 2 auf der Kraftmeßdose 10 festgeschraubt (Abb. 32). Der Umformweg wird mit einem eigens
entwickelten Weggeber 4 und die Druckberührzeit mit Hilfe elektrischer
Kontakte 7 gemessen. Alles weitere geht aus der schematischen Darstellung des Versuchsaufbaus hervor. Eine Gesamtansicht am Riemenfallhammer
zeigt Abbildung 33.

4.3 Versuchsdurchführung

Vor, während und am Schluß der Versuche wurden Kraftmeßdose und Druck-
meßstifte im Eichgestellt nach dem im Anhang 1 beschriebenen Verfahren
geeicht. Die Eichung des Weggebers wurde dagegen an jedem Versuchstag
öfter durchgeführt, weil die Kennlinie des induktiven Gebers nicht
genau linear ist und daher nicht mittels Paralleleichung auf die jeweilige Brückenempfindlichkeit umgerechnet werden kann. Bei der Eichung
wird der Kegelstift der Meßvorrichtung bei angezogener Bremse in etwa
gleichmäßigen Abständen von seiner obersten Stellung in die unterste
durchgedrückt, seine jeweilige Höhe gegenüber der oberen Gehäusefläche
als Bezugsfläche mit einem Einsteckmikrometer ausgemessen und die zuge-
hörige elektrische Anzeige auf dem Oszillogramm aufgenommen.

Beim Versuch wurde die Probe in einem Schutzbehälter, der das Verzun-
dern weitgehend verhinderte, in einem gasbeheizten Kammerofen auf etwa
1160 °C erwärmt. Dann wurde sie in das Untergesenk eingelegt, mit einer
Lehre ausgerichtet, durch das Teilstrahlungspyrometer anvisiert und
bei Erreichen der vorgeschriebenen Schmiedetemperatur der Schlag ausge-
löst. Auf diese Weise wurden in jedem Gesenk hintereinander drei hohe
und drei niedrige Proben umgeformt.

4.4 Ergebnisse

Die meisten der zu messenden Werte wurden während des Versuchs vom
Schleifenoszillographen registriert. Aus der Vielzahl der erhaltenen
Oszillogramme sind in Abbildung 34 drei - und zwar von jeder Umformmaschine eins - wiedergegeben. Aufgabe dieses Abschnittes ist es nun,
die Meßergebnisse einander gegenüberzustellen, so daß die Wirkung der

Einflußgrößen auf die Meßgrößen und die Verschiedenheit des Umformvorgangs in Hammer und Pressen deutlich wird.

4.41 Die Werkzeug-, Steig- und Grataustrittsgeschwindigkeit in Hammer und Pressen

Die in Anhang 2 genannten Werkzeughöchstgeschwindigkeiten allein sind für die Beurteilung des Geschwindigkeitsverhaltens nicht ausreichend. In Abbildung 35 sind daher die Geschwindigkeitsverläufe über dem Umformweg für jede der verwendeten Maschinen aufgezeichnet. Daraus ergibt sich, daß sich die Maschinen nicht nur hinsichtlich der Höchstgeschwindigkeit unterscheiden, die in der Schwungradspindelpresse etwa dreimal so groß ist wie in der hydraulischen Versuchspresse und im Hammer rund zwanzigmal höher als in der Schwungradspindelpresse, sondern auch hinsichtlich der Geschwindigkeitsverläufe. Um diese zu vergleichen, ist die in Abbildung 36 gewählte Darstellungsweise besonders geeignet. Hier wurde die Augenblicksgeschwindigkeit auf die Auftreffgeschwindigkeit v_o bezogen. Die Bärgeschwindigkeit des Riemenfallhammers nimmt vom Beginn der Umformung an ab, besonders stark jedoch von dem Augenblick an, in dem die erste Gratbildung stattfindet. Die Stößelgeschwindigkeit der Schwungradspindelpresse sinkt im Augenblick des Aufsetzens auf die Probe plötzlich ab, weil sich die Gewindegänge der Spindel unter der Belastung durch die Umformkraft an die entgegengesetzte Flanke des Gewindes der Spindelmutter anlegen. Ist dieser Spielausgleich erfolgt, so hat der Stößel die Ausgangsgeschwindigkeit fast wieder erreicht. Von diesem Punkt an ist der Geschwindigkeitsverlauf in der Schwungradspindelpresse dem im Riemenfallhammer sehr ähnlich, wie das nach der Maschinencharakteristik zu erwarten ist.

Völlig verschieden hiervon ist dagegen der Geschwindigkeitsverlauf in der hydraulischen Versuchspresse. Über dreiviertel des Umformwegs verläuft die Stößelgeschwindigkeit vollkommen gleichbleibend. Erst im letzten Viertel fällt die Geschwindigkeit rasch auf Null ab.

Um den Einfluß der unterschiedlichen Werkzeuggeschwindigkeit auf die Grataustritts- und Steiggeschwindigkeit kennenzulernen, und einen Einblick in den Werkstofffluß zu bekommen, wurden in einem Gesenk mit einem Gratbahnverhältnis von $\frac{b}{s} = \frac{10 \text{ mm}}{2 \text{ mm}} = 5$ mehrere Proben in Stufen umgeformt (Anhang 7). Eine auf diese Weise entstandene fortlaufende Reihe von Augenblicksformen beim Schmieden von hohen und niedrigen Proben aus Ck 15 in der hydraulischen Versuchspresse und im Riemenfallhammer zeigt Abbildung 37. Man erkennt, daß der Abschnitt der geführten Umformung für die hohe und niedrige Probenausgangsform übereinstimmt. Der Abschnitt des freien Stauchens ist bei der hohen Probenausgangsform entsprechend der größeren Höhe h_o länger. Überraschenderweise ist die Steighöhe in der hydraulischen Versuchspresse größer als im Riemenfallhammer. Die Steighöhen der hohen und niedrigen Probenausgangsform unterscheiden sich nur unbedeutend. Wir nehmen diese Ergebnisse zur Kenntnis, die Erklärung für dieses Verhalten bleibt den folgenden Abschnitten vorbehalten.

Weiterhin zeigt Abbildung 37 einen Parallelversuch im Riemenfallhammer, bei dem der kegelige Zapfen im Obergesenk lag. Bei allen anderen Versuchen lag der Zapfen aus bereits oben erläuterten Gründen im Untergesenk. Wie aus den beiden unteren Aufnahmen hervorgeht, ist die Lage der Gravur bei der einhübigen Umformung ohne Einfluß auf die Steighöhe. Nur wenn die Umformung in mehreren Hüben erfolgt, ist es zweckmäßig, die schwieriger auszufüllende Gravurhälfte ins Obergesenk zu legen, weil der Werkstoff dann in der zwischen den Hüben befindlichen Liegezeit weniger stark abkühlt; Massenwirkungen treten bei der verwendeten Gravurform nicht auf.

Um zu zahlenmäßigen Angaben über die Werkstoffgeschwindigkeit zu kommen, wurde folgender Weg beschritten:

Durch Ausmessen der in den einzelnen Stufen geschmiedeten Proben werden Steighöhe h_s und Halbmesserzunahme $r_G - r_o$ in Abhängigkeit vom Umformweg aufgetragen (Abb. 38, Feld 2). Dabei ist r_o der Radius der Probenausgangsform und r_G der Radius an der Stelle des größten Probenquerschnitts. Während des freien Stauchens baucht die Probe zunächst aus, bis der Flansch der Gravur gefüllt ist. Bei der anschließenden geführten Umformung tritt Grat aus, und der Werkstoff steigt in den Zapfen. An Hand der Radiuszunahme der Probe kann die Grenze beider Bereiche festgelegt werden. In den Diagrammen ist der Bereich des freien Stauchens mit a, der der geführten Umformung mit b gekennzeichnet. Im Bereich a sei $\frac{\Delta(r_G - r_o)}{\Delta t}$ Ausbauchgeschwindigkeit und im Bereich b Grataustrittsgeschwindigkeit genannt.

In Feld 1 (Abb. 38) ist der Umformweg in Abhängigkeit von der Zeit für die hohe Probenausgangsform aufgetragen. Diese Werte sind dem Oszillogramm entnommen. Es wurden jeweils die Weg-Zeit-Diagramme zweier

Schmiedeversuche mit dem gleichen Gesenk ausgewertet und miteinander verglichen, um festzustellen, inwieweit die Meßwerte als wiederholbar und somit auf den Stufenstauchversuch übertragbar angesehen werden können. Diese Vergleiche ergaben nur geringe Schwankungen.

Mit Hilfe der Felder 1 und 2 können Steighöhe und Zunahme der Ausbauchung bzw. der Gratbreite in Abhängigkeit von der Zeit in Feld 3 aufgetragen werden (Abb. 38). Diese Kurven werden graphisch differenziert und die mittleren Geschwindigkeiten innerhalb kleiner Intervalle unter Berücksichtigung der Maßstabsbeziehungen bestimmt.

Die so erhaltenen Geschwindigkeiten können ihrerseits in Abhängigkeit von der Zeit dargestellt werden (Abb. 39, Feld 2). Um die Geschwindigkeitsverläufe in den einzelnen Umformmaschinen vergleichen zu können, sind sie in Abhängigkeit vom Umformweg darzustellen (Abb. 39, Feld 3). Dies geschieht mit Hilfe der Weg-Zeit-Kurven (Abb. 39, Feld 1).

Für die benutzten Umformmaschinen werden die Steig- und Grataustrittsgeschwindigkeiten mit der Werkzeuggeschwindigkeit in den Abbildungen 40 bis 42 verglichen.

Aus den Kurvenverläufen ist die unterschiedliche Wirkungsweise der Maschinen klar abzulesen. Beim Hammer verlaufen die Steig- und Ausbauchgeschwindigkeiten im Abschnitt des freien Stauchens verschieden; während der geführten Umformung sind die Geschwindigkeitsverläufe annähernd gleich. In den Pressen ist die Steiggeschwindigkeit zunächst fast konstant. Die Ausbauchgeschwindigkeit steigt in der hydraulischen Versuchspresse wenig, in der Schwungradspindelpresse etwas stärker geradlinig an. Ist der Bereich des freien Stauchens durchlaufen, wächst die Steiggeschwindigkeit rascher als die Grataustrittsgeschwindigkeit. Dieses Ergebnis zeigt, daß der Werkstoff in den Pressen stärker als im Riemenfallhammer daran gehindert wird, über die Gratbahn abzufließen.

Während die größte Steiggeschwindigkeit im Hammer etwa den doppelten Wert der Auftreffgeschwindigkeit erreicht, ist die größte Steiggeschwindigkeit in den Pressen 6- bis 7mal größer als die Auftreffgeschwindigkeit. Unabhängig von der Werkzeugmaschine treten die höchsten Gleitgeschwindigkeiten am Ende des Umformvorgangs, d.h. bei kleinen Werkzeuggeschwindigkeiten auf.

4.42 Die Berührzeit in Hammer und Pressen

Die verschieden hohen Geschwindigkeiten in den einzelnen Umformmaschinen bewirken unterschiedliche Druckberührzeiten zwischen Werkzeug und Werkstück.

Bei der Definition der Zeitabschnitte geht man zweckmäßig von dem übergeordneten Begriff der Berührzeit aus. Darunter ist allgemein die Zeit zu verstehen, während der das erwärmte Werkstück eine oder beide Hälften des Gesenks berührt. Wegen der über die Dauer der Berührzeit nicht gleichmäßigen Flächenpressung ist es sinnvoll, eine Unterteilung vorzunehmen. Danach ist innerhalb der Berührzeit zu unterscheiden nach:

1) der Liegezeit T_1 des Blöckchens ohne äußere Kraft;

2) der Druckberührzeit T_2,
    Diese setzt sich zusammen aus:

    der Umformzeit T_2', d.i. die Zeit, während der das Obergesenk eine Umformkraft ausübt;

    der Gesenkberührzeit T_2'', d.i. die Zeit, während der sich die Aufschlagflächen der Gesenke berühren. Es dauert nämlich eine gewisse Zeit, bis die beiden Gesenkhälften sich so weit elastisch verformt haben, daß die überschüssige Energie aufgezehrt ist. Bei der Schwungradspindelpresse kommt die entsprechende Dehnzeit des Gestells und bei der hydraulischen Versuchspresse die Umsteuerzeit hinzu.

3) der Liegezeit T_3 des in das Gesenk geschlagenen Stückes, d.i. die volle Flächenanlage, aber ohne äußere Kraft.

Versuche von BECK [1] haben ergeben, daß dem Werkstück in der Umformzeit T_2' und der Gesenkberührzeit T_2'' bedeutend mehr Wärme entzogen wird als während der darauf folgenden Liegezeit T_3. Bei einem Versuch im Riemenfallhammer ergab sich das Verhältnis der Abkühlgeschwindigkeit während der Druckberührzeit T_2 zu derjenigen während der Liegezeit T_3 zu:

$$u_{T_2}/u_{T_3} = 10 \ldots 20,$$

worin u die Abkühlgeschwindigkeit in $[^\circ C/s]$ ist. Daraus ergibt sich, daß für die Abkühlung des Schmiedestücks die Druckberührzeit T_2 die größte Bedeutung hat.

Die im Rahmen dieser Arbeit durchgeführten Messungen vermitteln eine Vorstellung von der Größenordnung der Umformzeit T_2' und der Gesenkberührzeit T_2''. Die Versuche wurden für die hohe (27 ⌀ x 36) und für die niedrige Probe (36 ⌀ x 20) mit allen sieben Gesenken im Riemenfallhammer und in der Schwungradspindelpresse durchgeführt.

Die Ergebnisse zeigt Tabelle 6. Man erkennt, daß die Gratbahnabmessungen ohne Einfluß auf die Druckberührzeit T_2 sind. Die Gesenkberührzeit T_2'' ist, abgesehen von geringen Unterschieden, unveränderlich und unabhängig von der Ausgangsform der Probe, während sich die Umformzeiten T_2' in grober Näherung wie die Umformwege verhalten. Aus Spalte 10 in Tabelle 6 ist zu entnehmen, daß die für die Schmiedestückabkühlung maßgebliche Zeit in der Schwungradspindelpresse etwa 26mal so lang ist wie im Riemenfallhammer.

Tabelle 6

Umform- und Gesenkberührzeit in Schwungradspindelpresse und Riemenfallhammer

			Schwungradspindelpr.			Riemenfallhammer			
1	2	3	4	5	6	7	8	9	10
Gesenk Nr.	$\frac{b}{s}$	Probenform	T_2'	T_2''	T_2	T_2'	T_2''	T_2	$\frac{T_{2SP}}{T_{2RFH}}$
-	-	-	ms	ms	ms	ms	ms	ms	-
45/05	2,5	h	107,8	45,0	152,8	4,86	1,12	5,98	26
47/07	2,5	h	112,8	43,5	156,3	4,73	1,15	5,88	27
50/1	2,5	h	99,8	42,7	142,5	4,44	1,31	5,75	25
50/05	5	h	104,2	39,7	143,9	5,00	1,19	6,19	23
54/07	5	h	109,7	36,5	146,2	4,97	1,07	6,04	24
60/1	5	h	110,0	36,7	146,7	4,93	1,04	5,97	25
68/07	10	h	107,8	34,7	142,5	4,40	1,51	5,91	24
45/05	2,5	n	40,0	43,8	83,8	1,98	1,17	3,15	27
47/07	2,5	n	44,0	44,2	88,2	1,98	1,23	3,21	27
50/1	2,5	n	37,4	42,4	79,8	1,77	1,17	2,94	27
50/05	5	n	42,2	39,0	81,2	1,84	1,33	3,17	26
54/07	5	n	44,8	37,5	82,3	1,85	1,15	3,00	27
60/1	5	n	44,2	36,7	80,9	1,94	1,09	3,03	27
68/07	10	n	44,8	34,7	79,5	1,67	1,46	3,13	25

Bei beiden Maschinen erfolgt der Rücklauf des Bärs bzw. Stößels selbsttätig. Hier durch den Rücksprung eingeleitet, dort durch die Umsteuerung des Pressenmotors festgelegt. Das Ende der Druckberührzeit wird also in beiden Fällen von der Maschine bestimmt und vom Bedienungsmann nicht beeinflußt. Anders bei der hydraulischen Versuchspresse, bei der die Stößelbewegung von Hand gesteuert wird. Hier ergaben sich starke Schwankungen der Aufschlagzeit. Deshalb wurde die hydraulische Presse bei dem Vergleich in Tabelle 6 nicht herangezogen. Die Umformzeit T_2' betrug für die hohe Probenform im Mittel 320 ms und für die niedrige Probenform 140 ms. Sie ist damit rund dreimal so lang wie in der Schwungradspindelpresse[3].

4.43 Die Schmiedestückabkühlung in Hammer und Pressen

Die für die Schmiedestückabkühlung maßgeblichen Gesetzmäßigkeiten wurden von BECK [1] erarbeitet. Da seine Versuche unter gleichen Bedingungen in denselben Umformmaschinen durchgeführt wurden wie die eigenen, kann gute Übereinstimmung des nachstehend berechneten Temperaturverlaufs mit dem tatsächlichen vorausgesetzt werden. In beiden Fällen wurde Ck 15 als Probenwerkstoff und 55 Ni Cr Mo V 6 (Werkstoff-Nr. 2713) als Gesenkwerkstoff benutzt. Die Gesenke wurden nicht vorgewärmt und nicht geschmiert. Das Schmiedestück wurde zunderarm erwärmt.

Während des Umformvorgangs sinkt die Temperatur des Werkstücks:

durch <u>Wärmeübergang</u> vom Schmiedestück in das Gesenk
    durch die gemeinsame Berührfläche,

durch <u>Strahlung</u> des Schmiedestücks,

durch <u>Konvektion</u> um das Schmiedestück.

Der Einfluß der Strahlung und der Konvektion auf die Schmiedestückabkühlung während der Umformzeit ist vernachlässigbar klein, nicht dagegen der Einfluß des Wärmeübergangs. Der dadurch hervorgerufene Temperaturverlust berechnet sich zu:

$$\Delta \vartheta_\alpha = \frac{q_{F_\alpha} \cdot F_\alpha \cdot t}{c \cdot G} \; [°C] \qquad (9)$$

---

3. Aus diesem Verhalten der Versuchspresse darf nicht im allgemeinen auf hydraulische Pressen geschlossen werden

wobei

$q_{F_\alpha} = \dfrac{Q}{F_\alpha \cdot t}$, die Wärmestromdichte,

F   die Wärmeübergangsfläche,

t   die veränderliche Zeit, während der der Wärmeübergang stattfindet,

c   die spezifische Wärme,

G   das Gewicht des Schmiedestücks

bedeuten.

Außerdem folgt aus der Wärmeübergangszahl α :

$$\alpha = \frac{q_{F_\alpha}}{\vartheta_{Sch_o} - \vartheta_2} \quad \left[\frac{kcal}{m^2 \, h \, {}^\circ C}\right]$$

$$q_{F_\alpha} = \alpha \, (\vartheta_{Sch_o} - \vartheta_2) \left[\frac{kcal}{m^2 \cdot h}\right]$$

mit der Temperatur des Schmiedestücks ϑ_{Sch_o} und der Oberflächentemperatur des Gesenks ϑ_2, beide vor der Umformung.

Der Temperaturverlust des Schmiedestücks während der Umformung läßt sich also berechnen, wenn außer den bekannten Konstanten c und α die von Schmiedestück zu Schmiedestück veränderlichen Größen F_α, t, G, ϑ_{Sch_o} und ϑ_2 bestimmt werden können.

Die Größen G, ϑ_{Sch_o} und ϑ_2 sind für ein und dasselbe Schmiedestück unveränderlich, während F_α und t sich während des Umformvorgangs ändern. Um den Temperaturverlauf über dem Umformweg aufzeichnen zu können, ist der Umformvorgang in mehrere Stufen zu zerlegen und der Wärmeverlust stufenweise zu berechnen, indem die für jede Stufe gemessenen Werte F_α und t in Gleichung (9) eingesetzt werden.

Für das untersuchte Schmiedestück und die hohe Ausgangsform zeigt Abbildung 43 F_α, F_s und $F_{ges.}$ als Funktion des Stauchwegs. Die gesamte Oberfläche der Probe $F_{ges.}$ nimmt nach 4 mm Stauchweg ab und hat nach weiteren 10 mm einen Kleinstwert erreicht. In diesem Punkt hat sich die Probenform durch den Stauchvorgang am meisten der Kugel (bei A) angenähert. Von diesem Punkt an wächst die Oberfläche erst langsam und nach einsetzender Gratbildung rasch an. Die strahlende Fläche F_s ist zu Beginn am größten, nimmt dann stetig ab, um kurz vor Ende des

Umformvorgangs einen Kleinstwert zu erreichen (bei B), wenn nur noch die schmale Ringfläche des Grates und die Stirnfläche des Zapfens strahlen. Ganz am Schluß wird die strahlende Fläche wieder größer, weil der überschüssige Werkstoff in den Gratkanal austritt. Sie ist nur für die Liegezeit von Bedeutung und braucht deshalb bei der Berechnung des Temperaturverlustes während der einhübigen Umformung nicht berücksichtigt zu werden.

Die Wärmeübergangsfläche F_α nimmt zuerst langsam und von dem Augenblick, in dem der freie Stauchvorgang in eine geführte Umformung übergeht, rasch zu. Sie erreicht ihren Höchstwert am Ende der Umformung.

Bei bisherigen Wärmeberechnungen wurde während der Umformzeit als Wert für die Wärmeübergangsfläche F_α das arithmetische Mittel $\frac{F_{\alpha 0} + F_{\alpha 1}}{2}$ aus Anfangs- und Endfläche benutzt. Daß dieser Weg zu erheblichen Fehlern führen kann, zeigt Abbildung 43, in die der Wert $\frac{F_{\alpha 0} + F_{\alpha 1}}{2}$ zum Vergleich eingezeichnet wurde. Für genaue Berechnungen ist es unerläßlich, den Umformvorgang in viele Teilabschnitte zu zerlegen.

Außer dem Temperaturverlust erfährt die Probe während des Umformens aber auch eine Temperaturerhöhung, weil ein Teil der Umformarbeit in der Probe selbst in Wärmeenergie umgesetzt wird. Die dadurch bedingte Temperaturerhöhung ist nach bekannten physikalischen Beziehungen:

$$\Delta\vartheta_U = \frac{1}{427} \cdot \frac{k_{fm} \cdot \varphi}{c \cdot \gamma} \cdot 10^3 \quad [^\circ C] \tag{10}$$

k_{fm} [kg/mm^2]   mittlere Formänderungsfestigkeit

φ [-]   logarithmisches Formänderungsverhältnis

c $[\frac{kcal}{kg \cdot ^\circ C}]$ spezifische Wärme

γ $[\frac{kg}{dm^3}]$ spezifisches Gewicht

Bei der Berechnung des Temperaturverlaufs ist also die Temperaturzunahme nach Gleichung (10) und die Temperaturabnahme nach Gleichung (9) für die einzelnen Umformstufen zu ermitteln, so daß sich die Augenblickstemperatur zu

$$\vartheta_{Sch} = \vartheta_{Sch_0} + \Delta\vartheta_U - \Delta\vartheta_\alpha$$

ergibt.

Dieser Rechengang läßt sich ohne Schwierigkeiten für den Fall des Stauchens zylindrischer Proben zwischen ebenen parallelen Bahnen durchführen. k_{fm} ist bekannt und φ läßt sich berechnen. Bei der Umformung im Gesenk hingegen läßt sich φ nicht ohne weiteres berechnen. LANGE [9] schlägt vor, mit einem mittleren log. Formänderungsverhältnis nach der Beziehung

$$\varphi_m = \ln \frac{h_o}{h_{1_m}} = \ln \frac{F_1}{F_o} \qquad (11)$$

zu rechnen. Bestimmt man den Temperaturverlauf über dem Umformweg beim Schmieden im Hammer mit diesem mittleren logarithmischen Formänderungsverhältnis φ_m, so ergibt sich der obere in Abbildung 44 eingezeichnete Linienzug. Zum gleichen Ergebnis führte ein anderer Ansatz, bei dem angenommen wurde, daß sich die gesamte Umformarbeit in der Probe in Wärme umsetzt. Daraus folgt, daß die Berechnung der Temperaturerhöhung infolge Umformwärme mit Hilfe von Gleichung (10) und (11) zu hohe Werte ergibt.

Es wurde daher eine dritte Rechnung durchgeführt, in der die Temperaturerhöhung $\Delta\vartheta_U$ gleich derjenigen beim Stauchen zwischen ebenen Bahnen gesetzt wurde. Das Ergebnis liefert die unteren Linienzüge in Abbildung 44. Damit ist der tatsächliche Temperaturverlauf eingegrenzt, denn die letzte Rechnung ergibt mit Sicherheit zu niedrige Temperaturen. Die wahre Temperatur wird innerhalb des schraffierten Bereiches verlaufen.

Es zeigt sich, daß die Temperaturverläufe in den einzelnen Maschinen über den ganzen Bereich voneinander abweichen. In der Schwungradspindelpresse und im Riemenfallhammer sind sie sich ähnlich. In beiden Maschinen steigt die Temperatur zunächst linear und später steiler an. In der hydraulischen Versuchspresse dagegen fällt die Temperatur vom Beginn der Umformung stetig. Hier überwiegt also der Temperaturverlust durch Wärmeübergang, während in den beiden anderen Maschinen die Temperaturzunahme durch Umformwärme überwiegt.

Der in Abbildung 44 dargestellte Temperaturverlauf umfaßt nur die Umformzeit, nicht aber die Gesenkberührzeit, weil sie für die einhübige Umformung ohne Belang ist.

Für die niedrige Probenform zeigt Abbildung 45 den entsprechenden Temperaturverlauf in Abhängigkeit vom Umformweg. Im Riemenfallhammer und in der Schwungradspindelpresse liegt die Endtemperatur wie bei der hohen

Probenform höher als die Ausgangstemperatur. Die Endtemperaturen in
Schwungradspindelpresse und Riemenfallhammer liegen niedriger als bei
der hohen Probenform. Dies ist trotz der hierbei längeren Umformzeit
(etwa dreimal so lang wie bei der niedrigen) darin begründet, daß ein
größerer Betrag von Umformenergie in Wärme umgesetzt wird.

Abschließend sei noch einmal betont, daß die hier berechneten Temperaturen Mittelwerte sind. Örtlich, z.B. im Grat, ist die Temperatur sicherlich niedriger.

4.44 Der Einfluß der Gratbahn auf das Steigen in Hammer und Pressen

Die Betrachtung der Temperaturen ist deshalb wichtig, weil sich die
großen Unterschiede in den verschiedenen Maschinen gegen Ende der Umformung einstellen, d.h. in dem Abschnitt, in dem der Werkstoff steigt.
Es wird nun gezeigt, daß die örtliche Probentemperatur im Grat den
Steigvorgang maßgeblich bestimmt. Bei beginnender Gratbildung ist die
Temperatur im Grat bei den einzelnen Maschinen bereits unterschiedlich,
weil die mittlere Probentemperatur verschiedene Werte aufweist.

Um den Einfluß des Gratbahnverhältnisses auf das Steigen zu beurteilen,
wird über den Gratbahnabmessungen als unabhängiger Veränderlicher die
Steighöhe als abhängige Veränderliche aufgetragen. Die Gratbahnabmessungen selbst können nach zwei Gesichtspunkten aufgetragen werden:

1) Gleichbleibendes Gratbahnverhältnis -
   Gratdicke und -breite veränderlich,

2) Gleichbleibende Gratdicke -
   Gratbreite und Gratbahnverhältnis veränderlich.

In beiden Fällen kann das Argument als eine stetig sich ändernde Größe
aufgefaßt werden. Obwohl entsprechend der angefertigten Gesenke nur
Meßergebnisse für drei Werte des Arguments vorliegen, muß doch die Verbindung der Meßpunkte eine stetige Kurve ergeben, aus deren Verlauf
eine Gesetzmäßigkeit über den Einfluß der Gratbahnabmessungen auf die
Steighöhe abgelesen werden kann. Trägt man in diese Diagramme die Meßpunkte aus den Versuchen im Hammer, in der Schwungradspindelpresse und
in der hydraulischen Versuchspresse ein, so ergeben sich drei Kurven,
deren Verlauf den Einfluß der Verschiedenheit des Umformvorgangs auf
die Steighöhe in den drei Maschinen zum Ausdruck bringt.

Wie aus den Diagrammen in Abbildung 46 a, b zu entnehmen ist, ist beim Gratbahnverhältnis b/s = 2,5 (schmale Gratbahn) kein Einfluß der Gratdicke zu erkennen. Die Steighöhe bleibt über den ganzen Bereich etwa gleich. Weiterhin ergibt sich kaum eine Abhängigkeit von der Maschine. In den beiden Pressen unterscheiden sich die Steighöhen um 0,2 bis 0,3 mm. Im Hammer liegen sie höchstens 1,5 mm höher.

Beim Gratbahnverhältnis b/s = 5 (Abb. 46 c, d) ist die Steighöhe mit der Gratdicke veränderlich. Außer bei der hydraulischen Versuchspresse ist ein schwacher Anstieg der Steighöhe bei 1,4 mm Gratdicke gegenüber 1 mm Gratdicke festzustellen. In allen Maschinen sinkt die Steighöhe bei 2 mm Gratdicke deutlich ab. Weiterhin ist ein klarer Unterschied zwischen den drei Umformmaschinen vorhanden. Größte Steighöhen werden in der hydraulischen Versuchspresse, kleinste im Riemenfallhammer erzeugt. Die Steighöhen in der Schwungradspindelpresse liegen dazwischen, jedoch dichter bei denen der hydraulischen Presse. Die Steighöhenunterschiede zwischen niedrigen und hohen Proben sind in den Pressen rund 1 bis 2 mm zugunsten der niedrigen Probe, im Riemenfallhammer dagegen vernachlässigbar klein.

Den Einfluß des Gratbahnverhältnisses bei gleichbleibender Gratdicke von s = 1,4 mm zeigt Abbildung 46 e, f. Besonders deutlich tritt er bei den Pressen bei einer Steigerung des Gratbahnverhältnisses von 2,5 auf 5 hervor. Darüber hinaus bringt eine Erhöhung des Gratbahnverhältnisses keinen Steighöhengewinn. Beim Hammer verläuft die Tendenz ähnlich, nur liegen die Steighöhen bei b/s > 2,5 erheblich niedriger.

Zusammenfassend kann gesagt werden, daß das Steigen in erster Linie von der örtlichen Temperatur des Grates abhängig ist. Beim Gratbahnverhältnis 5 sind die Wärmeübergangsflächen bei gleicher Gratdicke rund doppelt so groß wie beim Gratbahnverhältnis 2,5. Innerhalb der kurzen Zeit, in der die Gratbildung erfolgt ($\sim \frac{T_2}{4}$), kühlt sich der Grat bei b/s = 2,5 selbst in den Pressen nur so unwesentlich ab, daß keine bedeutende Fließbehinderung erreicht wird. Beim Gratbahnverhältnis 5 und mehr kühlt sich der Grat stärker ab und hindert dadurch den Werkstoff am Breiten. Durch die breitere Gratbahn bei b/s = 10 werden offenbar keine zusätzlichen Reibkräfte hervorgerufen, denn die in den Grat fließende Werkstoffmenge ist sogar geringfügig größer als bei b/s = 5. Deshalb sind die erreichten Steighöhen etwas niedriger.

4.45 Die Druckspannungen in Hammer und Pressen

Für die am Flansch der Probe gemessene Druckspannung wurde die gleiche Darstellungsweise gewählt wie für die Steighöhen. Es wurde der am Ende des Umformvorgangs gemessene Höchstwert $q_{F\,gr}$ in die Diagramme eingetragen.

Die Lage der Meßwerte zueinander erlaubt in diesem Fall nicht das Verbinden durch einen stetigen Kurvenzug (Abb. 47). Sie wurden deshalb geradlinig verbunden, um die einzelnen Umformmaschinen besser gegeneinander abzuheben. Die Linienzüge lassen, wenn sie auch den wirklichen Verlauf der Meßgröße nicht wiedergeben, etwa die gleiche Tendenz erkennen wie die Steighöhen.

Analoge Diagramme lassen sich für den höchsten Druck im Grat $q_{G\,gr}$ am Ende der Umformung zeichnen (Abb. 48). Allerdings war das nur für das Gratbahnverhältnis $b/s = 5$ und die Gratdicken 1; 1,4 und 2 mm möglich, da sich aus konstruktiven Gründen in den beiden in Tabelle 5 angekreuzten Gesenken kein Spannungsmeßstift in der Gratbahn unterbringen ließ. Auch die Gratbahndrücke verlaufen ähnlich wie die Steighöhen. Diese Beobachtung läßt vermuten, daß ein festes Verhältnis zwischen Druckspannung im Grat und Druckspannung im Flansch sowie zwischen den beiden Druckspannungen und der Steighöhe besteht. Diese Frage soll im folgenden näher untersucht werden.

Für die benutzten Umformmaschinen sind die drei Beziehungen zwischen q_{Fgr}, q_{Ggr} und h in je einem Schaubild aufgetragen (Abb. 49). Jeder Punkt stellt das Ergebnis einer Beobachtung dar. Außer der Tatsache, daß alle Größen miteinander wachsen, kann man zufolge der ersichtlich großen Streuungen nicht ohne weiteres strenge Zusammenhänge im Sinne von Funktionen ersehen. Das ist erklärlich, wenn man bedenkt, daß die Wiederholbarkeit eines Schmiedeversuchs wegen der vielen auf ihn einwirkenden Einflüsse schwierig ist. So sind selbst bei diesen sorgfältig durchgeführten Versuchen Ungleichmäßigkeiten in der Ausrichtung der Probe im Gesenk, der Zwischenschicht zwischen Werkzeug und Werkstück und damit der örtlichen Werkstücktemperatur nicht zu verhindern. Man könnte nun versuchen, durch aufwendige Maßnahmen diese Schwankungen zu vermeiden. Günstiger dürfte der Weg der mathematischen Statistik sein, wie ihn A. LINDER [10] angibt. Es gilt, eine Kurve zu finden, die dem allgemeinen Verlauf der Punktwolke möglichst gut angepaßt ist. Wird dies durch eine Gerade erreicht, so liegt eine sog. lineare Regression vor, im anderen Fall ist die Regression nicht linear, und es muß eine andere Kurve gefunden werden.

Es ist also zu entscheiden, welche der beiden Arten im vorliegenden Fall in Frage kommt. Eine rein rechnerische Betrachtung scheidet aus, weil sie voraussetzt, daß zu jedem betrachteten Wert der unabhängigen Veränderlichen mehrere Meßwerte der abhängigen Veränderlichen vorhanden sind. Das bedeutet, daß jeder einzelne Versuch mit konstanten Einflußgrößen hätte wiederholt werden müssen. Diese Voraussetzung ist nicht erfüllt. Man geht deshalb so vor, daß man die Streuung der Einzelwerte um die berechneten Punkte der Regressionskurve bestimmt und in einer Häufigkeitskurve darstellt. Zeigt diese dann einen normalen Verlauf, so darf auf die Richtigkeit des Ansatzes geschlossen werden.

Für den vorliegenden Fall ergab diese Prüfung, daß lineare Regression angepaßt ist. Beschreiben wir die Regressionsgerade durch:

$$Y = e + fx ,\qquad(12)$$

so sind die Werte e und f nach der Regel von der Summe der kleinsten Quadrate zu bestimmen:

$$S(y_i - Y_i)^2 = \text{Minimum},$$

worin Y_i die berechneten Werte auf der Geraden sind. Daraus wird mit Gleichung (12):

$$S(y_i - e - fx_i)^2 = \text{Minimum}$$

Durch Differenzieren nach e und f und Nullsetzen des erhaltenen Ausdrucks ergeben sich die Bestimmungsgleichungen für e und f.

Nach diesem Rechengang ergeben sich die Gleichungen der Regressionsgeraden, wie sie in Tabelle 7 zusammengefaßt und in Abbildung 49 graphisch dargestellt sind. Sie sind die mathematische Form für die experimentelle Erscheinung und gelten nur für den Bereich, in dem die Versuchspunkte liegen. Die Gleichungen vermitteln folgende Erkenntnisse:

1) Wir betrachten die Abhängigkeit zwischen q_{Fgr} und q_{Ggr} (Tab. 7, Spalte 3). Auf den ersten Blick sind die Steigungsfaktoren f alle voneinander verschieden. Eine eingehende mathematische Untersuchung ergibt jedoch, daß dieser Unterschied nur zufällig ist[4]. Lediglich

---

4. Sollen verschiedene Größen miteinander verglichen werden, so muß man das bewertende Urteil von den unvermeidbaren Zufälligkeitsschwankungen freihalten. Dies geschieht mit Hilfe der Zufälligkeitskriterien. (Fortsetzung der Fußnote 4. auf Seite 57)

Tabelle 7

Ergebnisse der Ausgleichsrechnung

1	2	3	4	5	6	7	8
Masch.	Proben-form	\multicolumn{6}{c}{Gleichungen der Regressionsgeraden}					
		$q_{Fgr} = e + f \cdot q_{Ggr}$	$\frac{a*}{2}$	$h_s = e + f \cdot q_{Ggr}$	$\frac{a*}{2}$	$h_s = e + f \cdot q_{Fgr}$	$\frac{a*}{2}$
Hydraul. Presse	hoch 27 ∅ x 36	$q_{Fgr}=44{,}41+0{,}5 \; q_{Ggr}$	$\pm 4{,}11$	$h_s=15{,}26+0{,}12 \; q_{Ggr}$	$\pm 1{,}11$	$h_s=3{,}19+0{,}26 \; q_{Fgr}$	$\pm 1{,}42$
	niedrig 36 ∅ x 20	$=38{,}23+0{,}54 \; q_{Ggr}$	$\pm 5{,}44$	$=16{,}3+0{,}12 \; q_{Ggr}$	$\pm 1{,}65$	$=5{,}96+0{,}25 \; q_{Fgr}$	$\pm 0{,}97$
Schwungrad-spindelpresse	hoch 27 ∅ x 36	$=46{,}55+0{,}58 \; q_{Ggr}$	$\pm 6{,}08$	$=15{,}4+0{,}13 \; q_{Ggr}$	$\pm 1{,}13$	$=5{,}65+0{,}21 \; q_{Fgr}$	$\pm 1{,}31$
	niedrig 36 ∅ x 20	$=39{,}4+0{,}71 \; q_{Ggr}$	$\pm 3{,}73$	$=15{,}11+0{,}14 \; q_{Ggr}$	$\pm 1{,}25$	$=6{,}81+0{,}2 \; q_{Fgr}$	$\pm 1{,}05$
Riemen-fallhammer	hoch 27 ∅ x 36	$=42{,}07+0{,}55 \; q_{Ggr}$	$\pm 4{,}51$	$=17{,}3+0{,}06 \; q_{Ggr}$	$\pm 0{,}64$	$=12{,}3+0{,}11 \; q_{Fgr}$	$\pm 0{,}82$
	niedrig 36 ∅ x 20	$=35{,}77+0{,}54 \; q_{Ggr}$	$\pm 6{,}43$	$=16{,}42+0{,}06 \; q_{Ggr}$	$\pm 0{,}71$	$=13{,}14+0{,}1 \; q_{Fgr}$	$\pm 0{,}62$

*) a ist das Erwartungsmaß. Es gibt die Grenzen an, innerhalb derer bei einer Wiederholung des Versuchs dessen Ergebnisse mit einer Wahrscheinlichkeit von 80 % erwartet werden können

der Steigungsfaktor f in Reihe 4, Spalte 3 liegt auf der Grenze, so daß nicht mit voller Sicherheit gesagt werden kann, ob auch dieser Wert mit den anderen übereinstimmt. Unabhängig von Probenform und Maschine ist der Steigungsfaktor f unveränderlich, d.h. ändert sich q_{Ggr} um Δq_{Ggr}, so ändert sich q_{Fgr} um $f \cdot \Delta q_{Ggr}$.

Der Unterschied der Konstanten e ist für eine Probenform innerhalb der Maschinen nur zufällig. Zwischen der hohen und niedrigen Probenform ist allerdings ein echter Unterschied vorhanden. Danach ist für gleiches q_{Ggr} bei niedrigen Proben q_{Fgr} kleiner als bei hohen.

2) Über den Zusammenhang von h_s und q_{Ggr} gibt die Spalte 5 in Tabelle 7 Auskunft. Die Unterschiede zwischen den Steigungsfaktoren f sind in der hydraulischen Versuchspresse und in der Schwungradspindelpresse nur zufällig. Es besteht auch kein Unterschied zwischen hohen und niedrigen Proben. Auch im Riemenfallhammer ist f für hohe und niedrige Proben gleich, jedoch ist der Steigungsfaktor hier nur rund halb so groß wie in den Pressen:

$$f_{RFH} \approx 0,5 \; f_{HP} \approx 0,5 \; f_{SP}$$

3) Die Abhängigkeit zwischen h_s und q_{Fgr} ist aus Spalte 7 zu ersehen. Es gilt das unter 2) Gesagte. Nur ist entsprechend dem Zusammenhang zwischen q_{Ggr} und q_{Fgr} f in Spalte 7 rund doppelt so groß wie in Spalte 5 (Tab. 7).

Das entscheidende Ergebnis der Untersuchung besteht darin, daß für einen Steighöhenzuwachs von Δh_s = 1 mm im Riemenfallhammer die größte Druckspannung im Grat doppelt so stark zunehmen muß wie in den Pressen (siehe Abb. 49). Wegen der etwa gleich liegenden Anfangspunkte ist indes bei gleicher Steighöhe die Druckspannung im Grat im Riemenfallhammer nicht doppelt so groß wie in den Pressen.

Abschließend sei noch der mittlere Korrelationsbeiwert für die Ausgleichsrechnungen in den einzelnen Maschinen angegeben. Je enger sich die Meßpunkte um die Regressionsgerade scharen, desto schärfer ist diese

---

4. Fortsetzung von Seite 55
   der Statistik. Damit kann man feststellen, ob ein ermittelter Unterschied z.B. zwischen zwei Steigungsfaktoren "zufällig" ist oder nicht. In der technischen Statistik ist der Begriff "zufällig" folgendermaßen definiert:
   Eine Abweichung gilt als "zufällig", d.h. sie ist statistisch nicht gesichert, wenn sie mit einer Sicherheit < 95 % (5 % außerhalb liegende Werte) erschlossen ist

bestimmt. Wenn alle Punkte auf der Regressionsgeraden liegen, ist der Korrelationsbeiwert k = 1, d.h. es besteht strenge lineare Abhängigkeit zwischen den Veränderlichen. Je loser der Zusammenhang ist, desto mehr weicht der Korrelationsbeiwert von Eins ab. Im vorliegenden Fall ergab sich im Mittel für die Messungen in

    der hydraulischen Versuchspresse   k = 0,94
    der Schwungradspindelpresse   k = 0,93
    dem Riemenfallhammer   k = 0,65,

das bedeutet einen sehr zuverlässigen Zusammenhang bei den Pressen, einen wesentlich weniger zuverlässigen beim Riemenfallhammer.

4.46 Kraft- und Arbeitsbedarf in Hammer und Pressen

Die größte Druckspannung am Flansch und am Grat der Probe hat den Haupteinfluß auf die größte Umformkraft und bestimmt auch den erforderlichen Arbeitsbedarf mit.

Die größte Umformkraft P_{Ugr} in Abhängigkeit von den Gratbahnabmessungen zeigt Abbildung 50. Man erkennt leicht die Ähnlichkeit zu Abbildung 47. Für die schmale Gratbahn (Verhältnis b/s = 2,5, Abb. 50 a, b) liegt die Umformkraft im Hammer über der der Pressen. Die gleiche Beobachtung wurde vorher für die Druckspannung am Flansch der Probe gemacht. Mit steigender Gratdicke ist im Riemenfallhammer ein Kraftabfall zu verzeichnen, während die Kraft in den Pressen bei 1,4 mm Gratdicke einen schwach ausgeprägten Höchstwert hat.

Beim Gratbahnverhältnis b/s = 5 ist der Kraftbedarf im Hammer geringer als in den Pressen (Abb. 50 c, d). Auch das ist eine Parallele zu den Druckspannungsmessungen am Flansch und am Grat der Probe (Abb. 47 c, d und Abb. 48). Der höhere Kraftbedarf in den Pressen wird durch die hier stärkere Gratabkühlung gegenüber dem Hammer hervorgerufen. Die Kraft steigt mit zunehmender Gratbahnbreite zunächst stark und dann kaum noch an bzw. fällt sogar etwas ab.

Wie in Abbildung 50 e, f zu sehen ist, steigt die Umformkraft allgemein mit zunehmendem Gratbahnverhältnis an. Während der Kraftanstieg beim Hammer nahezu gleichbleibend ist, nimmt die Kraft in den Pressen von b/s = 2,5 bis b/s = 5 erheblich und dann nur noch wenig zu. Ob dieser schwächere Kraftanstieg durch die Entstehung erhöhter Umformwärme bei der starken Umformung im engen Gratspalt bedingt ist, konnte nicht festgestellt werden.

Den Arbeitsbedarf ermitteln wir aus dem Kraft-Weg-Diagramm (Abb. 51). Es wurde ein Gesenk mit b/s = 5 (b = 7 mm; s = 1,4 mm) verwendet. In beiden Diagrammen stimmen die Kraftverläufe für die Pressen fast überein. Zuerst sind die Kraftordinaten für die Schwungradspindelpresse etwas höher. Etwa ein Millimeter vor Ende des Umformwegs überschneiden sich die Kurven und die Umformung endet in der hydraulischen Versuchspresse mit einer größeren Umformkraft als in der Schwungradspindelpresse.

Für den Riemenfallhammer verläuft die Kraft bis auf die letzten zwei Millimeter stets höher als in den Pressen. Bei der hohen Probenausgangsform ergab sich für den ersten Abschnitt, in dem die Probe frei gestaucht wird, ein Verhältnis der Umformarbeiten in Hammer und Pressen von $A_{UH}/A_{UP} \approx 1,8$. Dieses Ergebnis ist in guter Übereinstimmung mit dem von POMP, MÜNKER und LUEG [12] beim Stauchen zwischen ebenen parallelen Bahnen gefundenen. Im Abschnitt der geführten Umformung ändert sich dieses Verhältnis zugunsten des Hammers, weil bei ihm die Kraft zuletzt infolge der höheren Grattemperatur (s. Abschn. 4.43) niedriger verläuft. Schiebt man die beiden Diagramme in Abbildung 51 so übereinander, daß die Endpunkte aufeinanderfallen, so erkennt man, daß die Kraftverläufe für die hohe und die niedrige Probenform gut übereinstimmen.

Die Auswertung aller solcher Arbeitsbedarf-Bestimmungen ist in Abbildung 52 zusammengefaßt. Der Arbeitsbedarf im Hammer ist größer als in den Pressen. Weil die niedrige Probenausgangsform der Endform besser angepaßt ist als die hohe, erfordert sie auch weniger Umformarbeit, daher entfällt das Mehr an Arbeitsbedarf im Riemenfallhammer bei der niedrigen Probe fast ganz. Die Kurven über den Gratdicken verlaufen so flach, daß von einer Abhängigkeit des Arbeitsbedarfs von der Gratdicke bei gleichem Gratbahnverhältnis nicht die Rede sein kann; das leuchtet ein, weil sich der Einfluß der Gratabkühlung auf die Erhöhung der Umformkraft nur auf kleinsten Wegen bemerkbar macht.

Dagegen zeigen die Gratbahnverhältnisse einen gewissen Einfluß: das Gratbahnverhältnis 2,5 erfordert fast durchweg weniger Arbeit als 5 und 10, weil die Umformkraft kleiner ist.

4.5 Zusammenfassung zu Abschnitt 4

Die Schmiedevorgänge in Fallhammer, Schwungradspindelpresse und hydraulischer Versuchspresse unterscheiden sich - abgesehen von der Wirkungsweise der benutzten Umformmaschinen - hauptsächlich durch ihre Werkzeuggeschwindigkeit, und zwar sowohl dem Verlauf als auch dem Betrage nach. Dies führt zu folgenden Ergebnissen:

1) Der Werkstoff fließt mit verschieden hohen Geschwindigkeiten; trotzdem haben alle drei Umformmaschinen folgendes gemeinsam: die größte Steiggeschwindigkeit stellt sich am Ende der Umformung ein. Hier hat auch die Beschleunigung der Werkstoffteilchen einen Größtwert; er erreicht im Hammer die Größenordnung von rd. 700 · g. Die durch diese Beschleunigung hervorgerufenen Massenkräfte erzeugen jedoch nur eine Spannung, die rd. zwei Größenordnungen niedriger ist als die Formänderungsfestigkeit eines unlegierten Kohlenstoffstahls. Massenkräfte sind somit bei dem untersuchten Umformvorgang bedeutungslos.

2) Die Druckberührzeit dauert verschieden lang. Wir zerlegen sie in die Umformzeit T_2' und die übrige Gesenkberührzeit T_2''. Die erstere ist bei verschiedenen Werkstücken etwa dem Umformweg verhältnisgleich und beträgt für die hohe Probenausgangsform im Riemenfallhammer 5 ms, in der Schwungradspindelpresse 107 ms und in der hydraulischen Versuchspresse bei 0,1 m/s Werkzeuggeschwindigkeit 320 ms; T_2'' ist unabhängig vom Umformweg und dauert im Riemenfallhammer 1 ms und in der Schwungradspindelpresse 40 ms.

3) Trotz gleicher Ausgangstemperatur ϑ_{Sch_0} der Proben unterscheiden sich ihre mittleren Endtemperaturen wegen der verschieden langen Druckberührzeit, d.h. bei beginnender Gratbildung ist die Temperatur des Grates in den drei Werkzeugmaschinen verschieden. In der bis zum Ende des Umformvorgangs noch zur Verfügung stehenden Zeit $\frac{T_2'}{4}$ kühlt sich der Grat in den Pressen mehr ab als im Hammer. Lediglich bei der schmalen Gratbahn b/s = 2,5 mit kleinen Wärme abführenden Flächen tritt dieser Unterschied nicht sehr in Erscheinung.

4) Weil die Temperatur den Formänderungswiderstand mehr beeinflußt als die Formänderungsgeschwindigkeit, sind auch die gemessenen Drücke am Grat und am Flansch des Werkstücks in den Pressen höher als im Hammer. Eine Ausnahme bildet wiederum das Gratbahnverhältnis b/s = 2,5.

Die Druckspannungsmessungen ergaben, daß die Steighöhe mit zunehmender Druckspannung wächst. Damit erklären sich auch die größeren Steighöhen in den Pressen gegenüber dem Hammer. Die Steighöhenunterschiede zwischen hohen und niedrigen Proben sind unbedeutend.

Dieses Ergebnis darf jedoch nicht verallgemeinert werden, weil im Hammer im Gegensatz zu der vorliegenden Untersuchung nicht mit einem, sondern in der Regel mit mehreren Schlägen geschmiedet wird, da das Arbeitsvermögen eines Schlages nicht ausreicht. Dann sind jedoch die Steighöhen größer als in der Presse, weil in der zwischen den einzelnen Schlägen befindlichen Liegezeit der Grat ähnlich wie in den Pressen abkühlt und so den höheren Fließwiderstand aufbaut.

5) Für die größte Umformkraft gilt etwa das gleiche wie für die Druckspannungen, sie ist nur bei $b/s = 2,5$ im Hammer größer als in den Pressen; in allen übrigen Fällen ist die größte Umformkraft wegen des kälteren Grates in den Pressen größer. Sie steigt mit zunehmendem Gratbahnverhältnis im Hammer fast gleichmäßig, während sie in den Pressen von $b/s = 2,5$ bis 5 erheblich und über $b/s = 5$ nur noch wenig wächst.

6) Für den Arbeitsbedarf ist der Verlauf der Umformkraft entlang dem Umformweg bestimmend. Weil die Umformkraft durch das Gratbahnverhältnis nur im letzten Umformabschnitt beeinflußt wird, ist die Auswirkung auf den Arbeitsbedarf nicht sehr groß. Er ist bei der niedrigen Probenausgangsform entsprechend der besseren Anpassung an die Endform geringer als bei der hohen. Im Riemenfallhammer ist der Arbeitsbedarf im Abschnitt des freien Stauchens wegen der höheren Umformgeschwindigkeit rd. 1,8 mal so groß wie in den Pressen, während dieser Unterschied nachher im Abschnitt der geführten Umformung sehr zurückgeht.

Für die Wahl des Gratbahnverhältnisses liefert die Untersuchung folgende Anhaltswerte:

Bei schmaler Gratbahn kühlt sich der Grat selbst in einer Presse so unwesentlich ab, daß die Fließbehinderung nicht größer als im Hammer ist. Das Gratbahnverhältnis $b/s = 2,5$ ist deshalb für einfache Werkstücke allgemein zu verwenden. Die Gravur füllt sich dann, ohne daß übermäßige Kraft- und Arbeitsbeträge nötig sind. Bei Werkstücken, die ein Steigen des Werkstoffs erfordern, wird ein Gratbahnverhältnis von b/s = 5 vorgeschlagen. Noch größere Gratbahnverhältnisse bringen keinen Steighöhengewinn und sind deshalb zu vermeiden.

5. Beanspruchung der Gesenke durch Druck und Wärme

Nachdem aus Abschnitt 4.45 die örtlichen Druckspannungen in der Gratbahn während des Schmiedens bekannt sind, ist es erstmals möglich, zusammen mit den Ergebnissen von BECK [1] über die Oberflächentemperatur von Gesenken zahlenmäßige Anhaltswerte über die Beanspruchung des Gesenkstahls zu geben.

Während der Umformung werden die Gesenke sowohl durch Wärme als auch durch Schlag- und Druckkräfte beansprucht. Der Gesenkwerkstoff muß dieser Belastung standhalten, ohne sich zu verformen oder zu reißen. Außerdem ruft der über die Gravuroberfläche fließende Werkstoff Verschleiß hervor, der an Stellen hoher Werkzeugtemperatur, hohen Druckes und hoher Werkstoffgleitgeschwindigkeit am größten ist, z.B. an der Gratbahn. Weil mit steigender Temperatur die Festigkeit des Werkstoffs abnimmt, leuchtet es ein, daß die Lebensdauer des Werkzeugs wesentlich durch seine Temperatur beeinflußt wird.

Wenn die Versuche auch mit <u>nicht vorgewärmten</u> Gesenken durchgeführt wurden, weil das eingebaute Druckmeßglied keine Temperaturen über 60 °C vertrug, so lassen sich die Schlußfolgerungen aus den Ergebnissen dennoch auf vorgewärmte Gesenke ausdehnen. Wie bereits oben erwähnt, wurden die Gesenke aus 55 Ni Cr Mo V 6 (Werkstoff-Nr. 2713) hergestellt.

Im folgenden werden die Vorgänge an der Gravuroberfläche betrachtet. Hinsichtlich der Temperatur muß man zwischen der höchstmöglichen und der wirklich auftretenden Oberflächentemperatur ϑ_m unterscheiden. Die erstere ist an die Voraussetzung gebunden, daß sich zwischen Werkstück und Werkzeug keine isolierende Zwischenschicht befindet: sie berechnet sich für den Werkstückstoff Ck 15 und den Werkzeugstoff Stahl 2713 zu:

$$\vartheta_m = 0,46\ \vartheta_2 + 0,54\ \vartheta_{Sch}$$

wobei ϑ_2 die Gesenktemperatur vor der Umformung und ϑ_{Sch} die Temperatur des Schmiederohlings ist.

Die wirkliche Oberflächentemperatur an der Gravurwand kann nur im Versuch bestimmt werden und ist meist niedriger, weil das Schmiedestück mit Zunder behaftet ist, ferner weil die Gesenke geschmiert werden und selbst oxydiert sind. Alle diese Zwischenschichten hemmen den Wärmeübergang.

Temperaturmessungen mit 0,2 mm unter der Gravuroberfläche angebrachten Thermoelementen ergaben beim Schmieden in der Schwungspindelpresse die in Abbildung 53 angegebenen, auf die Gravuroberfläche extrapolierten Werte. Sie liegen niedriger als die mögliche Höchsttemperatur, die sich für nicht vorgewärmte Gesenke und eine Umformtemperatur ϑ_{Sch_o} = 1100 °C zu:

$$\vartheta_m = 0{,}46 \, \vartheta_2 + 0{,}54 \, \vartheta_{Sch_o} = 9{,}2 + 594$$

$$\vartheta_m \approx 603 \, °C$$

berechnet. Die Gesenke wurden bei diesen Versuchen mit halbkolloidalem natürlichem Graphit in Lithiumfett als Trägerstoff geschmiert. Deshalb konnte von vornherein damit gerechnet werden, daß die Höchstwerte nicht erreicht wurden. An den Meßstellen 1 und 4 (Abb. 53) liegen die Werte niedrig, weil die Flächenpressung nicht so hoch und die Kante des Schmiedestücks nicht sauber ausgeprägt war. Somit sind sowohl die Mitte des Obergesenks als auch die Gratbahn hohen Temperaturen ausgesetzt. An dieser Stelle ist auch die Druckspannung q_{Ggr} gemessen worden (s. Tab. 8).

T a b e l l e   8

Höchste gemessene Druckspannung in der Gratbahn

Maschine	Auftreffgeschwindigkeit [m/s]	q_{Ggr} [kg/mm^2]
Hydraulische Versuchspresse	0,1	97
Schwungradspindelpresse	0,29	78
Riemenfallhammer	6,4	64

Diese Druckspannungswerte werden im folgenden der höchstmöglichen und der wirklich auftretenden Oberflächentemperatur zugeordnet und mit den im Zugversuch ermittelten Warmfestigkeitswerten des benutzten Gesenkstahls (Werkstoff-Nr. 2713) verglichen.

Über die Zugfestigkeit zwischen Raumtemperatur und 700 °C gibt Abbildung 54 Auskunft. Die obere Kurve entspricht der gebräuchlichen Höchstfestigkeit, auf die kleine Gesenke vergütet werden, während die mittlere

Kurve der üblichen Mindestfestigkeit entspricht, auf die große Gesenke vergütet werden. Mit steigender Prüftemperatur zeigt der hochvergütete Gesenkstahl (σ_{Bo}) einen stärkeren Festigkeitsabfall als der niedrig vergütete (σ_{Bu}). Bei 530 °C überschneiden sich die Kurven, d.h. wenn die Gesenkoberflächentemperatur höher als 530 °C ist, ist die Oberflächenschicht des hochvergüteten Gesenks sogar weicher als die des niedrigvergüteten.

Die in Abbildung 54 für die oben errechnete Oberflächentemperatur von 603 °C eingetragenen Druckspannungswerte aus Tabelle 8 stellen die größte denkbare Belastung des nicht vorgewärmten Gesenks in den drei benutzten Werkzeugmaschinen dar, die bei schmiermittel- und zunderfreiem Schmieden erreicht werden könnten. Die Druckspannungen liegen sämtlich höher als die Zugfestigkeit. Wenn man bedenkt, daß für die Verformung des Werkzeugs nicht die Zugfestigkeit, sondern die 0,2-Grenze[5] bestimmend ist und diese nur den 0,8- bis 0,9-fachen Betrag der Zugfestigkeit hat, sollte die Lage der Meßpunkte recht bedenklich stimmen. Daß tatsächlich Verformungen der Gravur auftraten, bestätigen die Beobachtungen der Versuche.

Während sich die Proben nach dem Schmieden im Riemenfallhammer und der Schwungradspindel leicht aus dem Gesenk heben ließen, hafteten sie in der hydraulischen Versuchspresse sehr. Am Gratansatz bildete sich nämlich eine dünne Zunge aus Gesenkwerkstoff, der von der Gratbahn nach innen geschoben wurde, so daß eine geringfügige Unterschneidung entstand, die das Werkstück festhielt. Daß im Riemenfallhammer und in der Schwungradspindelpresse trotz der auch hier noch über der Zugfestigkeit liegenden Beanspruchungen keine Verformungen beobachtet wurden, mag daran liegen, daß der Gesenkstahl beim Schmieden einem mehrachsigen Spannungszustand unterliegt und deshalb höhere Spannungen ertragen kann als im einachsigen Zugversuch, ehe er zu fließen beginnt.

Alle bisherigen Ergebnisse gelten nur für nicht vorgewärmte Gesenke. Im praktischen Betrieb werden die Gesenke aber auf rd. 200 °C vorgewärmt, weil dann in den Werkzeugen geringere Wärmespannungen infolge der raschen Temperaturwechsel auftreten. Durch eine Vorwärmtemperatur von 200 °C erhöhen sich nach Gleichung (13) für unser Beispiel alle Gesenktemperaturen um 83 °C. Hinsichtlich der Festigkeit ist also die Grenzbelastung der Gesenke bei Vorwärmung noch ungünstiger.

---

5. Der Vergleich der Druckspannungen mit der im Zugversuch ermittelten 0,2-Grenze ist zulässig, weil sie von der im Druckversuch bestimmten kaum abweicht

Wie Versuche zeigen, kann die Gesenkbeanspruchung durch Schmierung verringert werden. Der bei 381 °C Oberflächentemperatur und 78 kg/mm² Druckspannung liegende Versuchspunkt K (Abb. 54) wurde beim Schmieden mit Schmiermittel in der Schwungradspindelpresse an der Gratbahn gemessen. Er entspricht etwa der 0,2-Grenze des auf 113 kg/mm² Festigkeit vergüteten Gesenkstahls. Es ist keine Gefährdung des Werkzeugs zu befürchten. Ein unter gleichen Bedingungen durchgeführter Versuch im Riemenfallhammer würde einen noch günstigeren Wert ergeben.

Bisher haben wir die Belastung des Gesenkwerkstoffs durch Druck bei erhöhter Temperatur untersucht. Nun müssen wir uns noch die Frage vorlegen: Wie beeinflußt die Temperatur allein die Festigkeit des Gesenkwerkstoffs? Ist u.U. eine Anlaßwirkung durch die hohe Oberflächentemperatur zu befürchten? Hierüber kann man sich an Hand von Abbildung 55 einen Überblick verschaffen. In Feld 1 ist das Anlaßschaubild des Gesenkstahls (Werkstoff-Nr. 2713) dargestellt. Feld 2 zeigt den Zusammenhang zwischen der Gesenktemperatur vor der Umformung, der Schmiedestücktemperatur und der Gesenkoberflächentemperatur. Aus dem eingezeichneten Beispiel ist ersichtlich, daß bei einer Gesenkvorwärmtemperatur von 150 °C und einer Schmiedestücktemperatur von 1100 °C die Gesenkoberflächentemperatur 660 °C beträgt. Ein Gesenk, dessen Werkstoff eine Anlaßkurve nach Abbildung 55 besitzt, würde bei einer längeren Erwärmung auf diese Temperatur von der Festigkeit im gehärteten Zustand auf eine Festigkeit von 112 kg/mm² heruntersinken. Es ist denkbar, daß die bei jedem Schlag kurzzeitig auftretende ebenso hohe Temperatur schließlich die gleiche Anlaßwirkung in der Oberflächenschicht haben wird. Sinkt somit deren Festigkeit gemäß diesem Beispiel auf 112 kg/mm² ab, so ist ein rascher Verschleiß der Gravur zu erwarten. Bei dem eingezeichneten Beispiel handelt es sich um mittlere Verhältnisse. Gesenkoberflächentemperaturen von 750 °C sind durchaus möglich.

Ein störungsfreier Arbeitsablauf setzt voraus, daß der Gesenkwerkstoff der größten denkbaren Belastung standhält und durch die auftretende Oberflächentemperatur nicht angelassen wird. Nach den vorausgegangenen Überlegungen scheint der benutzte Gesenkstahl (Werkstoff-Nr. 2713) diese Forderung nicht zu erfüllen. Es wäre wünschenswert, einen Warmarbeitsstahl zu entwickeln, der mit zunehmender Temperatur einen geringeren Festigkeitsabfall aufweist und dessen Anlaßkurve erst bei rund 750 °C - und nicht wie in Abbildung 55, Feld 1, schon bei 600 °C - einen raschen Festigkeitsabfall aufweist.

6. Schlußwort

Die noch unbefriedigenden Kenntnisse über den Steigvorgang nach dem Studium früherer Forschungsergebnisse ließen eine vergleichende Untersuchung des Schmiedevorgangs in Hammer und Presse wünschenswert erscheinen. Als Werkzeugform wurde die im praktischen Betrieb gebräuchlichste Gesenkgrundform, das Gesenk mit Gratspalt gewählt.

Wie die in diesem Gesenk durch den Stufenstauchversuch gewonnenen Augenblicksformen zeigen, hat das freie Stauchen an dem gesamten Umformvorgang einen großen Anteil. Deshalb wurde der eigentlichen Untersuchung des Steigvorgangs in Riemenfallhammer, Schwungradspindelpresse und hydraulischer Versuchspresse eine Untersuchung des freien Stauchens vorangestellt und dabei der Druckspannungsverteilung an den Preßflächen ein besonderes Augenmerk geschenkt.

Die Ergebnisse dieser Versuche erhellen den Vorgang des Steigens. So hat z.B. die Druckspannung über der Preßfläche zu Beginn des Stauchens in Probenmitte einen ausgeprägten Kleinstwert. Dies erklärt die geringe Neigung des Werkstoffs, im ersten Umformabschnitt in die Gesenkhöhlung zu steigen. Weiterhin erlaubt die im Kaltstauchversuch an Pantal 19 gefundene Beziehung

$$q/k_f = 1 + 0{,}92 \, x/h \tag{6}$$

eine qualitative Aussage über die Druckspannung am Gratansatz bei verschiedenen Gratbahnverhältnissen.

Im Hauptteil der Arbeit wurde besonders das Ausfüllen der Form untersucht. Obwohl beim Konstruieren von Gesenkschmiedestücken sowohl auf das nachfolgende Abspanen als auch auf die schmiedegerechte Gestaltung Rücksicht genommen werden muß, wird in den seltensten Fällen die schmiedegerechte mit der für das Abspanen günstigsten Form zusammenfallen. Unter diesem Gesichtspunkt gewinnen für den Fertigungsingenieur in der Gesenkschmiede diejenigen Größen besondere Bedeutung, die von außen her - ohne daß die vom Kunden vorgeschriebene Endform des Schmiedestücks geändert wird - auf den Steigvorgang wirken. Solche sind:

        die Ausgangsform des Schmiederohlings
        die Auftreffgeschwindigkeit
        die Gratbahn.

Die Versuche ergaben Steighöhenunterschiede zwischen niedrigen und hohen Ausgangsformen in den Pressen von rd. 1 bis 2 mm zugunsten der niedrigen Probe, während im Riemenfallhammer praktisch kein Unterschied festzustellen ist. Der Nachteil geringerer Steighöhe bei Verwendung niedriger Proben, wie er im offenen Gesenk von ERNST [3] festgestellt wurde, stellt sich im Gesenk mit Gratspalt nicht ein. Somit hat die niedrige Probenausgangsform vor der hohen zwei Vorteile:

1) Sie zentriert sich selbst beim Einlegen in die Gravur, so daß gleichmäßige Gratbildung und gleichmäßiges Ausfüllen der Gravur die Folge sind.

2) Sie hat wegen ihrer besseren Anpassung an die Endform einen geringeren Arbeitsbedarf als die hohe Probe.

Die Abhängigkeit der Steighöhe von der Auftreffgeschwindigkeit ist erheblich, und zwar wurden größte Steighöhen bei niedrigen Auftreffgeschwindigkeiten gemessen. Das liegt daran, daß das Steigen in erster Linie von der örtlichen Temperatur des Grates abhängt. Wegen der langen Druckberührzeiten in den Pressen ist die mittlere Probentemperatur hier gegenüber dem Riemenfallhammer im letzten Teil des Umformens trotz gleicher Ausgangstemperatur bedeutend niedriger. Bei beginnender Gratbildung ist die Temperatur im Grat deshalb in den einzelnen Maschinen bereits unterschiedlich und nach einer Zeit von rd. $T_2'/4$, in der die Gratbildung erfolgt, ist sie in den Pressen am niedrigsten, d.h. hier ist die Fließbehinderung am größten und deshalb die Steighöhe am höchsten.

Die weit verbreitete Ansicht, daß Massenkräfte im Hammer das Steigen begünstigen, konnte durch Rechnung und Versuche für den untersuchten Umformvorgang widerlegt werden. Inwieweit sich diese Feststellung auch auf andere Gesenkformen übertragen läßt, müßte noch untersucht werden. Bei der einhübigen Umformung werden die größten Steighöhen in Pressen bei niedriger Formänderungsgeschwindigkeit erzielt. Dieses Ergebnis gewinnt um so mehr an Bedeutung, als in der modernen Fertigung die Zwischenformung oft so weit getrieben wird, daß in der Endgravur nur noch ein Schlag gegeben wird. In diesem Fall würde die Presse ein besser ausgeprägtes Werkstück liefern als der Hammer. In der Regel werden jedoch im Hammer größere Steighöhen erzielt, dann nämlich, wenn man mit mehreren Schlägen arbeitet, weil das Arbeitsvermögen eines Schlages nicht ausreicht.

Dr.-Ing. Hans-Jochen STÖTER

Literaturverzeichnis

[1] BECK, G. — Über die Beanspruchung von Schmiedegesenken durch Wärme
Diss. Technische Hochschule Hannover 1957

[2] COOK, P.M. — True stress-strain curves for steel in compression at high temperatures and strain rates, for application to the calculation of load and torque in hot rolling
Veröffentlicht von: Institution of Mechanical Engineers, 1 Birdcage Walk, Westminster SW 1; 1957

[3] ERNST, H. — Der Steigvorgang beim Warmpressen im Gesenk
Diss. Technische Hochschule Aachen 1947

[4] FGS-Bericht 26:
Die Verwendung von Bleizylindern zur Bestimmung der Schlagarbeit von Schmiedehämmern
Forschungsstelle Gesenkschmieden, Technische Hochschule Hannover 1952

[5] GELEJI, A. — Die Berechnung der Kräfte und des Arbeitsbedarfs bei der Formgebung im bildsamen Zustand der Metalle
Verlag der Ungarischen Akademie der Wissenschaften, Budapest 1955, 2. verb. und erw. Auflage

[6] Mc. GREGOR, C.W. und R.B. PALME — Contact Stresses in the Rolling of Metals
Journal of Applied Mechanics, September 1948

[7] HENNECKE, H. — Warmstauchversuche mit perlitischen, martensitischen und austenitischen Stählen
Diss. Technische Hochschule Aachen 1926

[8] KÖRBER, F. und Die Grundlagen der bildsamen Verformung
A. EICHINGER Mitt. Kaiser-Wilhelm-Institut für Eisen-
forschung. Bd. 22, Abh. 395, 1940.
Verlag Stahleisen, Düsseldorf

[9] LANGE, K. Gesenkschmieden von Stahl
Springer-Verlag, Berlin, 1958

[10] LINDER, A. Statistische Methoden für Naturwissen-
schaftler, Mediziner und Ingenieure
Birkhäuser Verlag, Basel u. Stuttgart 1957

[11] LIPPMANN, H. Zusammenfassung der behandelten Themen
und Ausblick auf die Ansätze von LEVY-MISES
Vortrag aus dem Seminar für plastizitäts-
theoretische Fragen der Umformtechnik,
WS 1958 an der Technischen Hochschule
Hannover

[12] POMP, A., Arbeitsbedarf und Werkstofffluß beim
Th. MÜNKER und Schmieden im Gesenk
W. LUEG Mitt. Kaiser-Wilhelm-Institut für Eisen-
forschung. Bd. 20, Abh. 363, 1938.
Verlag Stahleisen, Düsseldorf

[13] RADKE, H. Das Steigen des Werkstoffes Stahl im Gesenk
Schmiedetechnische Mitteilungen 3/1952

[14] RAUHAUS, H. Die Steigfähigkeit verschiedener Werkstoffe
beim Schmieden im Gesenk unter Hammer und
Presse
Stahl und Eisen 60 (1940) H. 27, S. 589/99

[15] SCHROEDER, W. und Press-Forging Thin Sections: Effect of
D.A. WEBSTER Friction, Area and Thickness on Pressures
Required
Journal of Applied Mechanics, Sept. 1949

[16] SIEBEL, E. Die Formgebung im bildsamen Zustande
Verlag Stahleisen, Düsseldorf 1932

[17] SIEBEL, E. und Die Ermittlung der Formänderungsfestigkeit
    A. POMP   von Metallen durch den Stauchversuch
                     Mitt. Kaiser-Wilhelm-Institut für Eisen-
                     forschung, Bd. 9, Abh. 80, 1927.
                     Verlag Stahleisen, Düsseldorf

[18] UNKSOW, E.P.   Neue Forschungen der Schmiedetechnologie
                     VEB Verlag Technik, Berlin 1954

7. Abbildungen 1 - 62

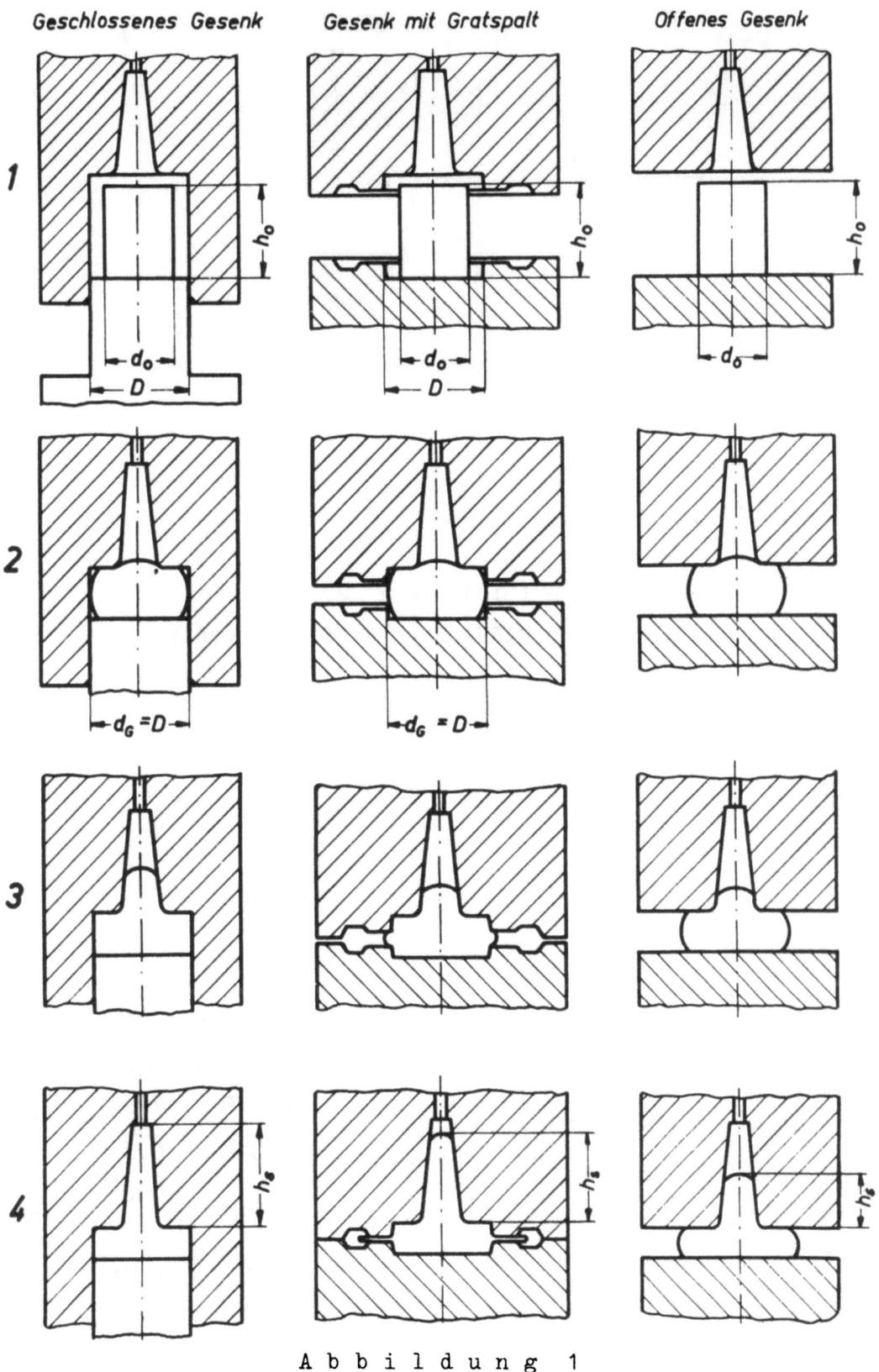

Abbildung 1

Der Umformvorgang in verschiedenen Schmiedegesenkgrundformen

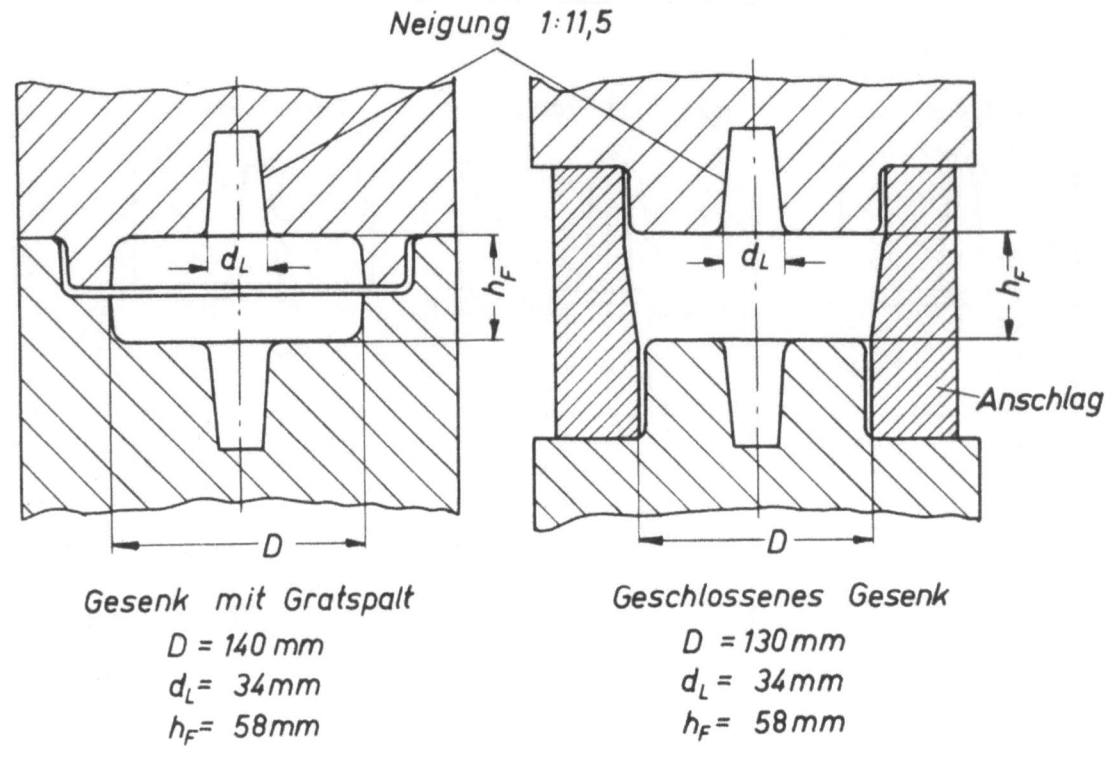

Abbildung 2

Formen der von H. RAUHAUS verwendeten Gesenke

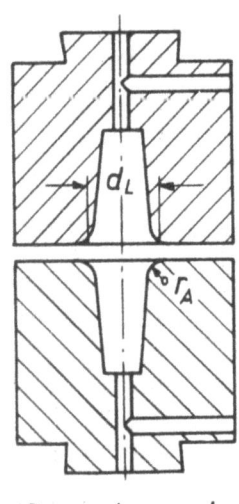

Abbildung 3

Form der von POMP, MÜNKER und LUEG verwendeten Gesenke

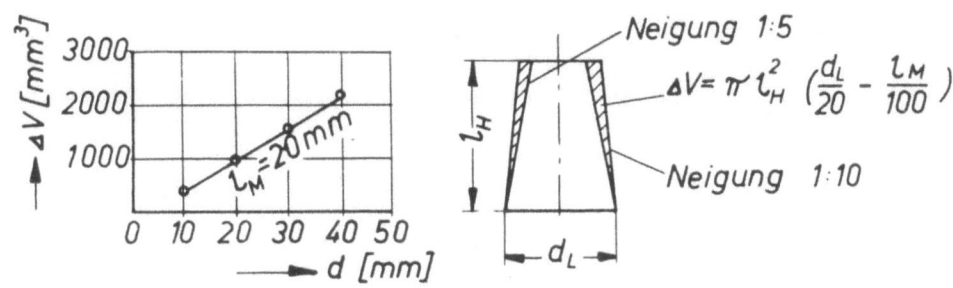

Abbildung 4

Zusammenhang zwischen Werkstoffersparnis und Lochdurchmesser bei verschiedener Kegelneigung

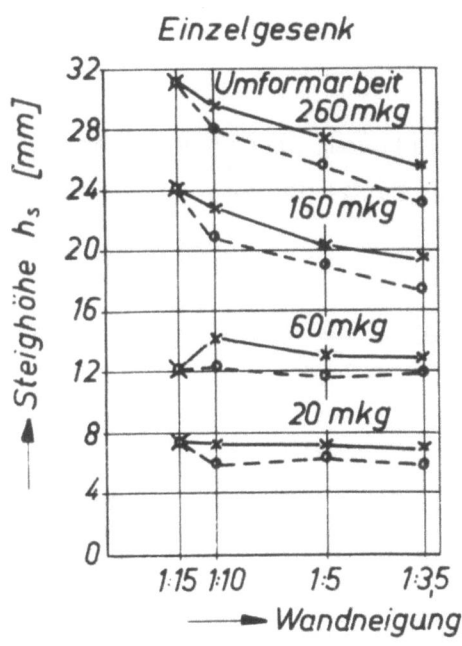 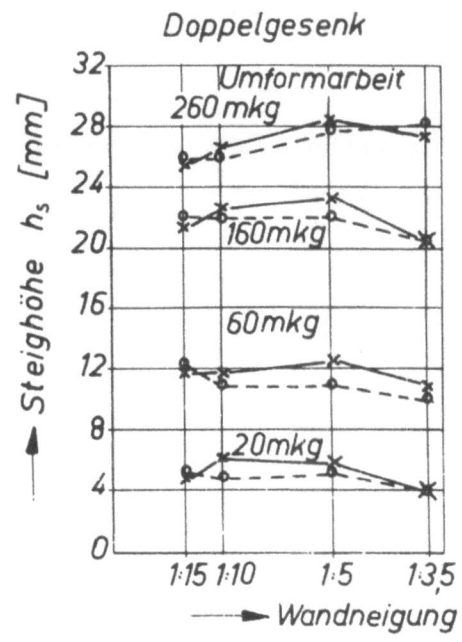

×——× Untergesenk   ∘---∘ Obergesenk

Abbildung 5

Steighöhe h_s im Unter- und Obergesenk in Abhängigkeit von Wandneigung und Umformarbeit in einer hydr. Presse. $d_L = 28$ mm

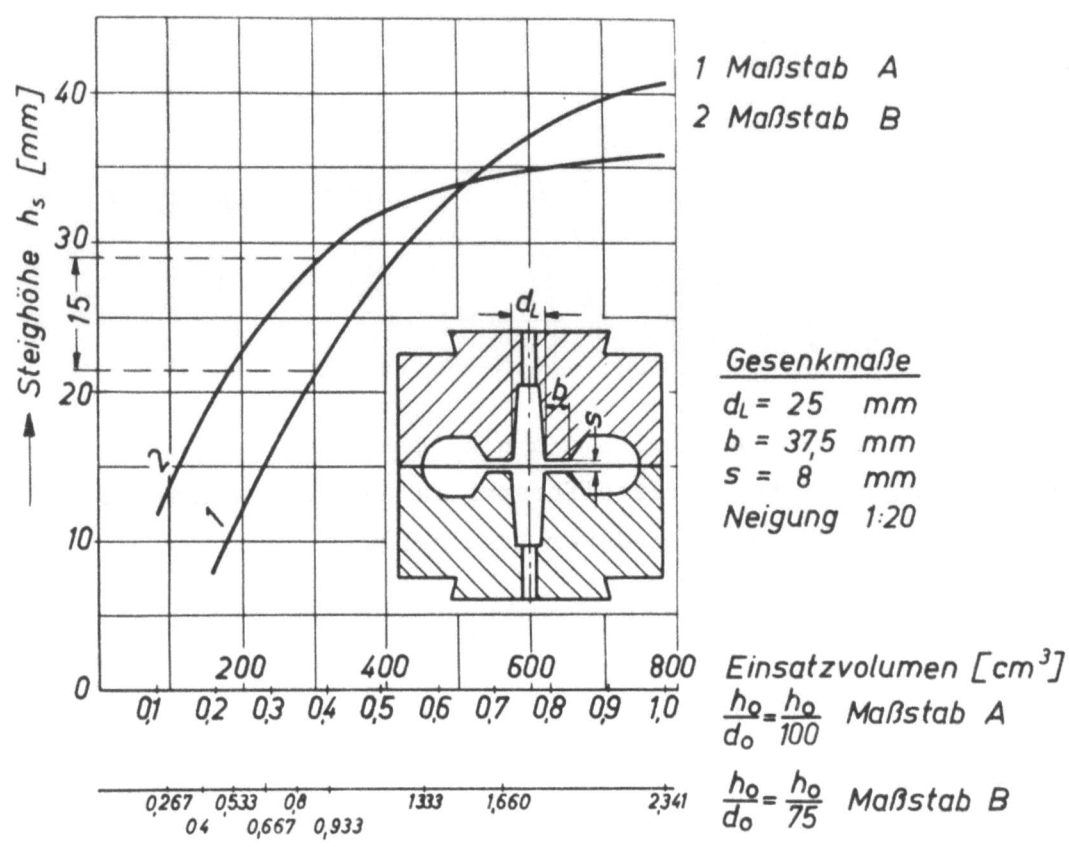

Abbildung 6

Steighöhe h_s im Obergesenk in Abhängigkeit vom Einsatzvolumen und vom Verhältnis h_o/d_o der Probe. Werkstoff: Al Cu Mg3 (H. ERNST)

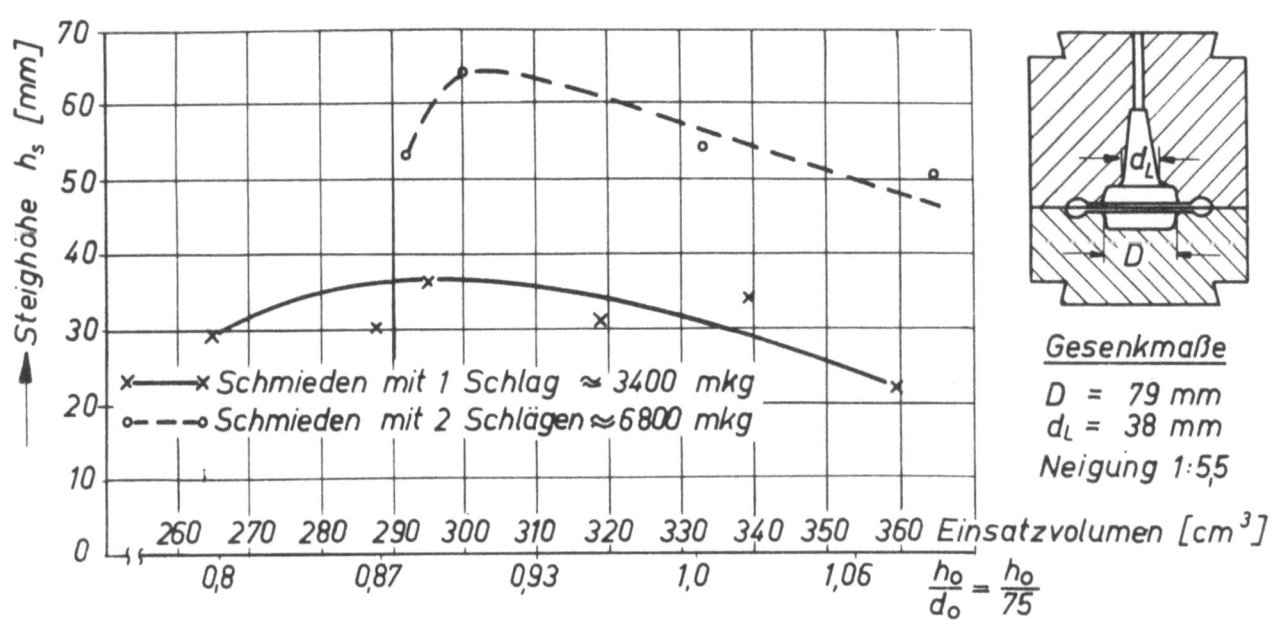

Abbildung 7

Steighöhe h_s im Obergesenk in Abhängigkeit vom Einsatzvolumen und vom Verhältnis h_o/d_o der Probe. Werkstoff: Ck 10 (H. RADKE)

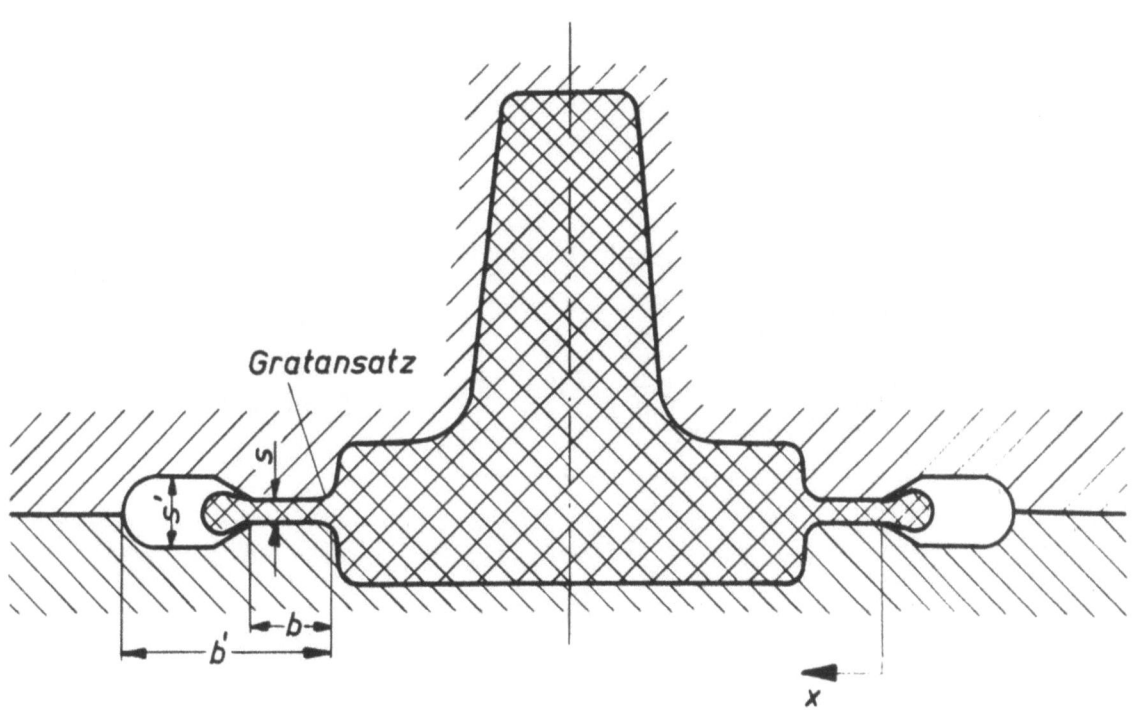

Abbildung 8
Fließwiderstand am Gratansatz

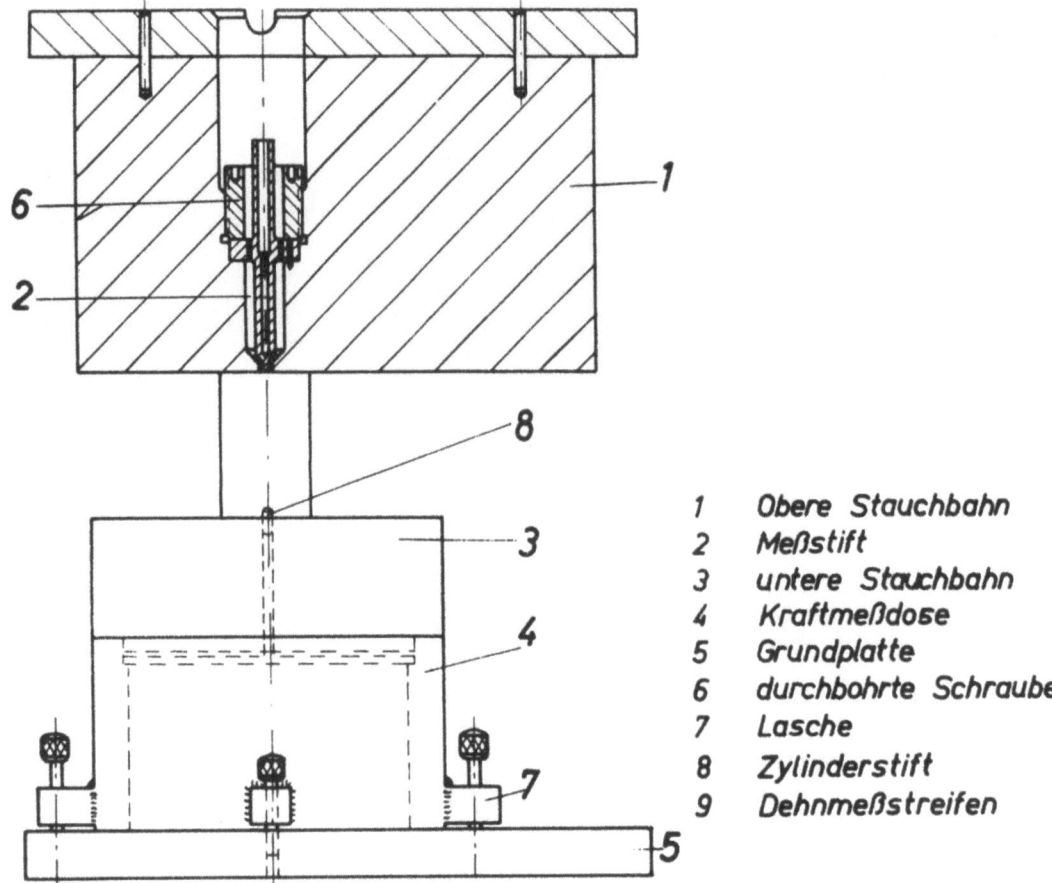

1 Obere Stauchbahn
2 Meßstift
3 untere Stauchbahn
4 Kraftmeßdose
5 Grundplatte
6 durchbohrte Schraube
7 Lasche
8 Zylinderstift
9 Dehnmeßstreifen

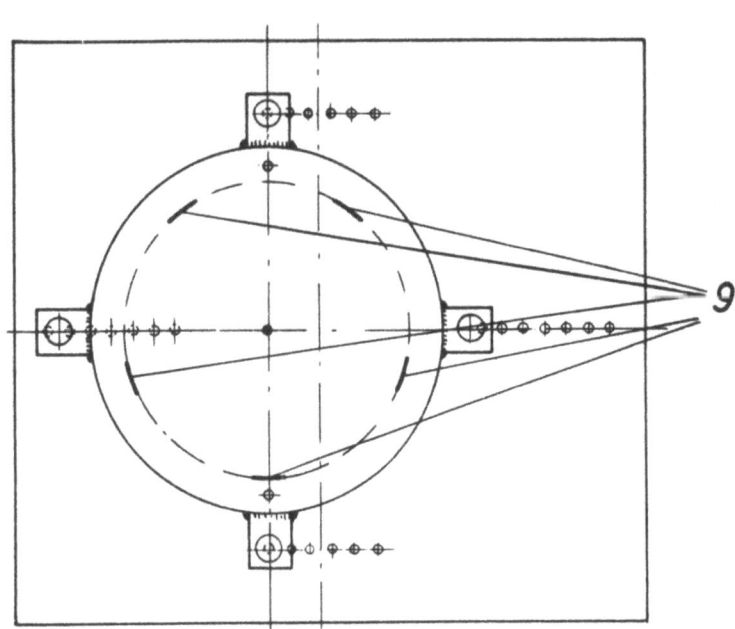

Abbildung 9

Versuchseinrichtung zur Bestimmung des Spannungsverlaufs an den Preßflächen

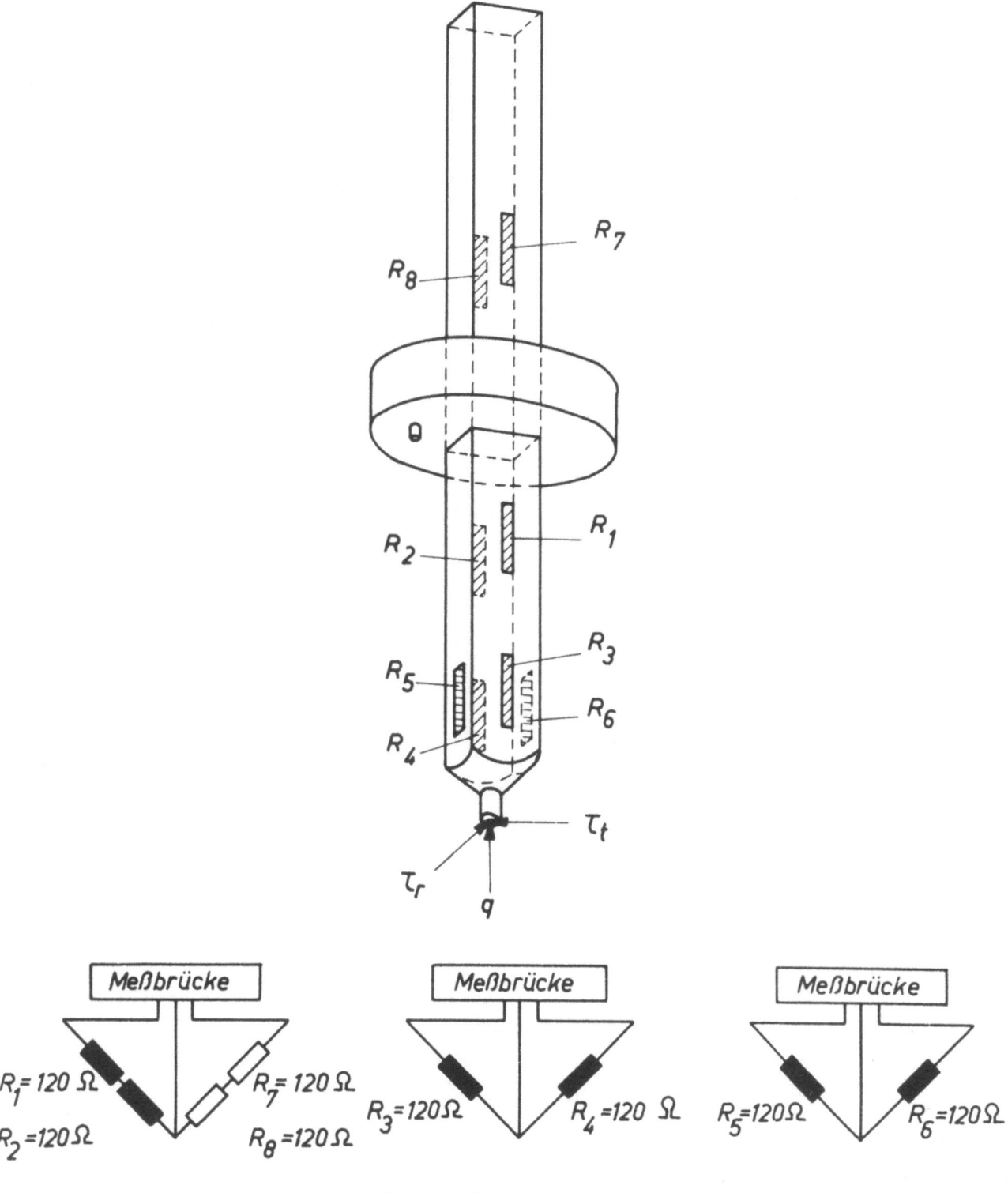

Abbildung 10

Anordnung der Dehnmeßstreifen auf dem Meßstift

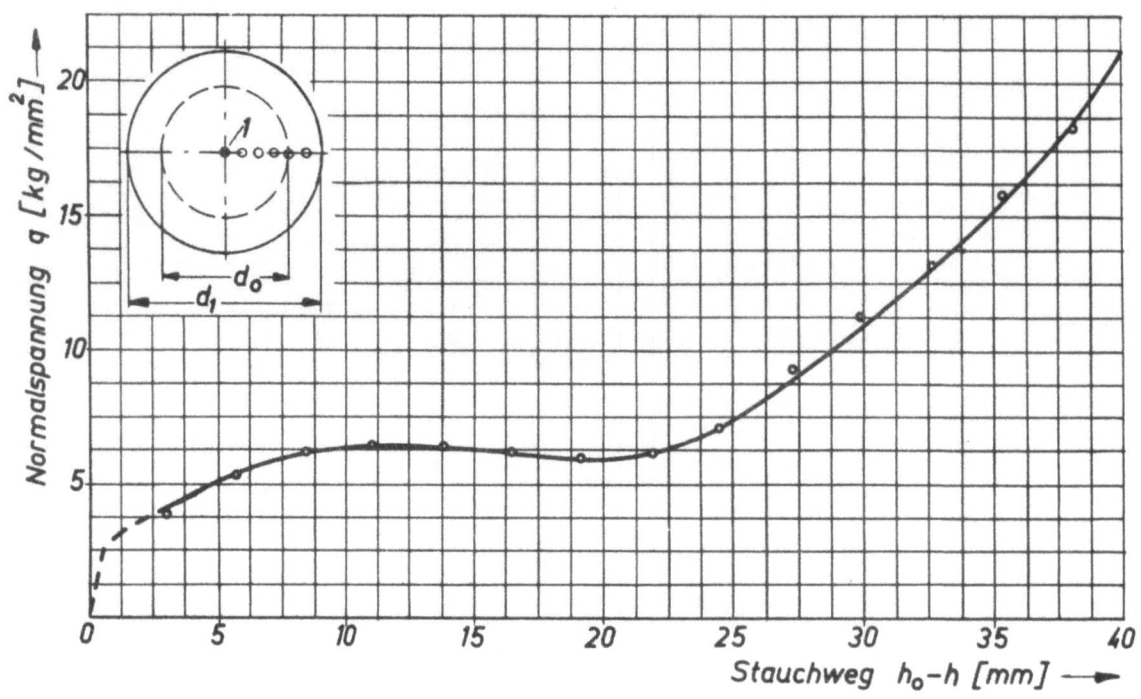

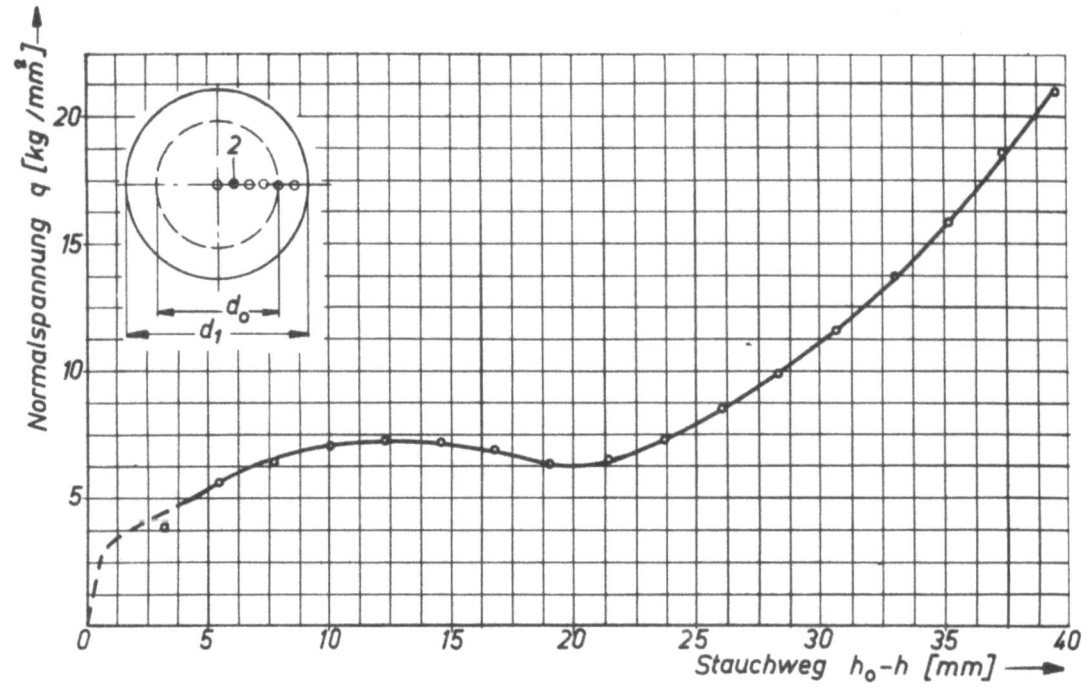

Abbildung 11

Normalspannungsverlauf in Abhängigkeit vom Stauchweg h_o-h an den Meßstellen 1 und 2. Werkstoff: Stahl mit 0,091 % C; Temperatur: 1050° C

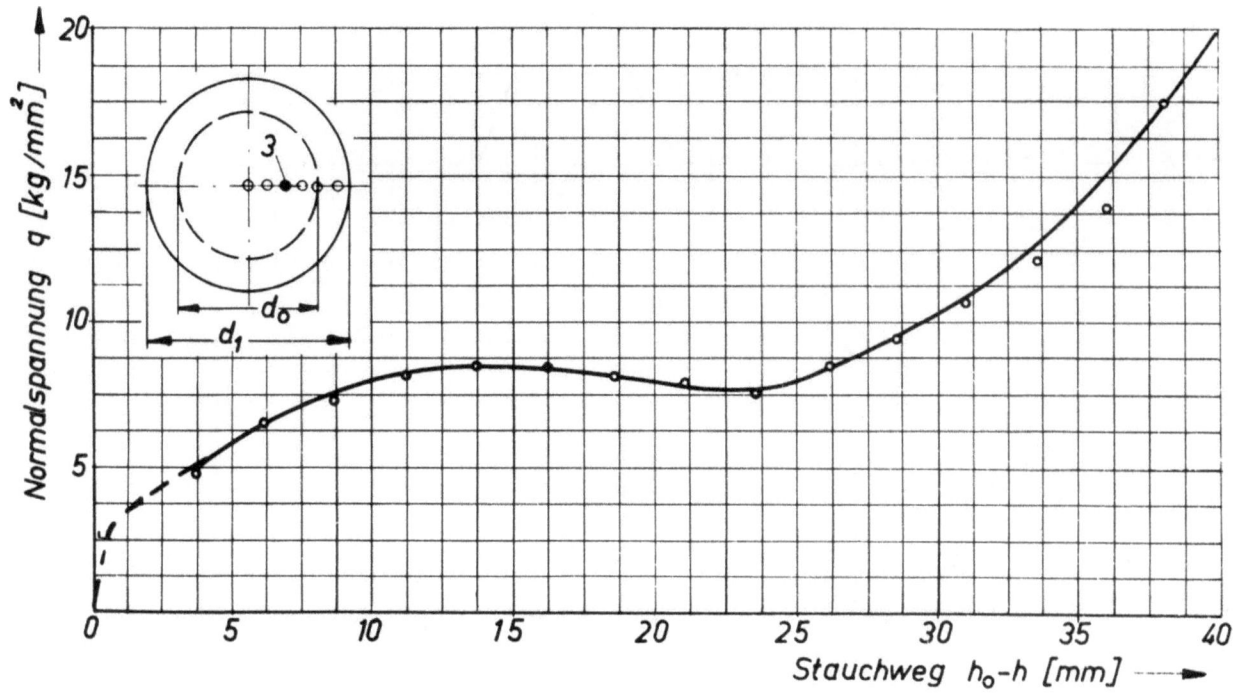
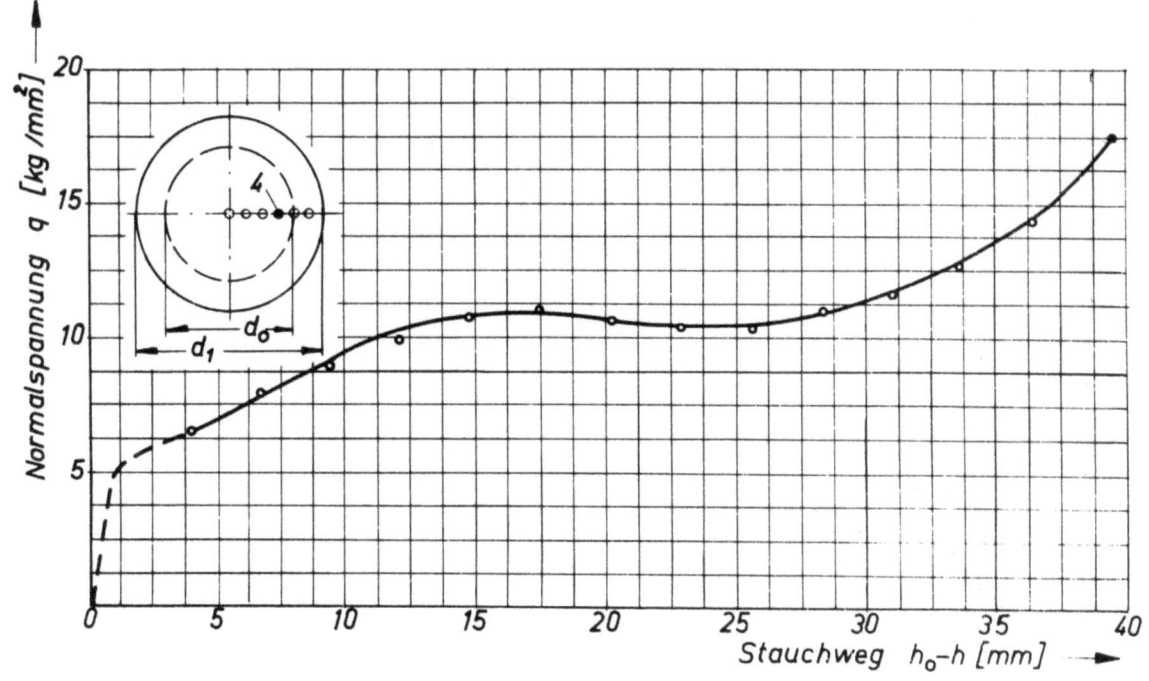

Abbildung 12

Normalspannungsverlauf in Abhängigkeit vom Stauchweg h_o-h an den Meßstellen 3 und 4. Werkstoff: Stahl mit 0,091 % C; Temperatur: 1050° C

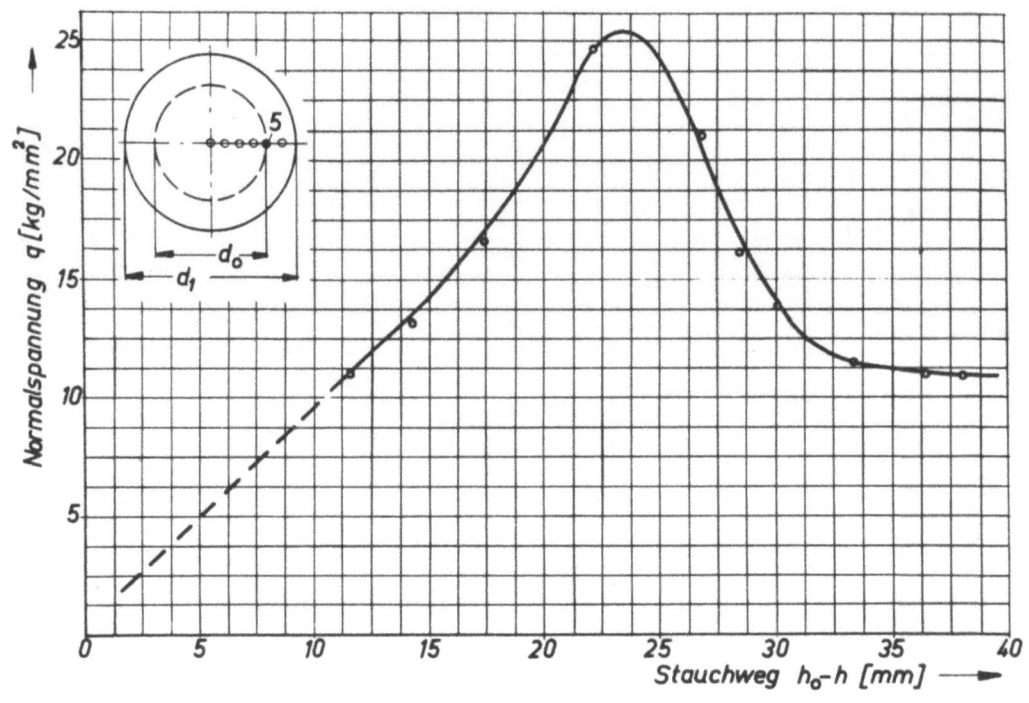
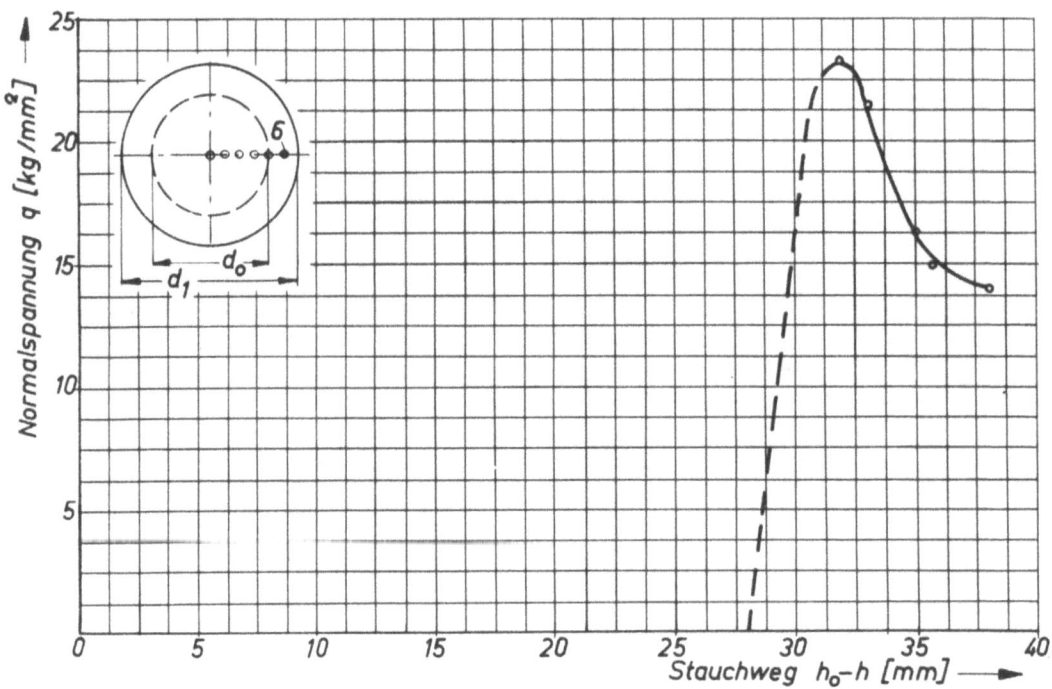

Abbildung 13

Normalspannungsverlauf in Abhängigkeit vom Stauchweg h_o-h an den Meßstellen 5 und 6. Werkstoff: Stahl mit 0,091 % C; Temperatur: 1050° C

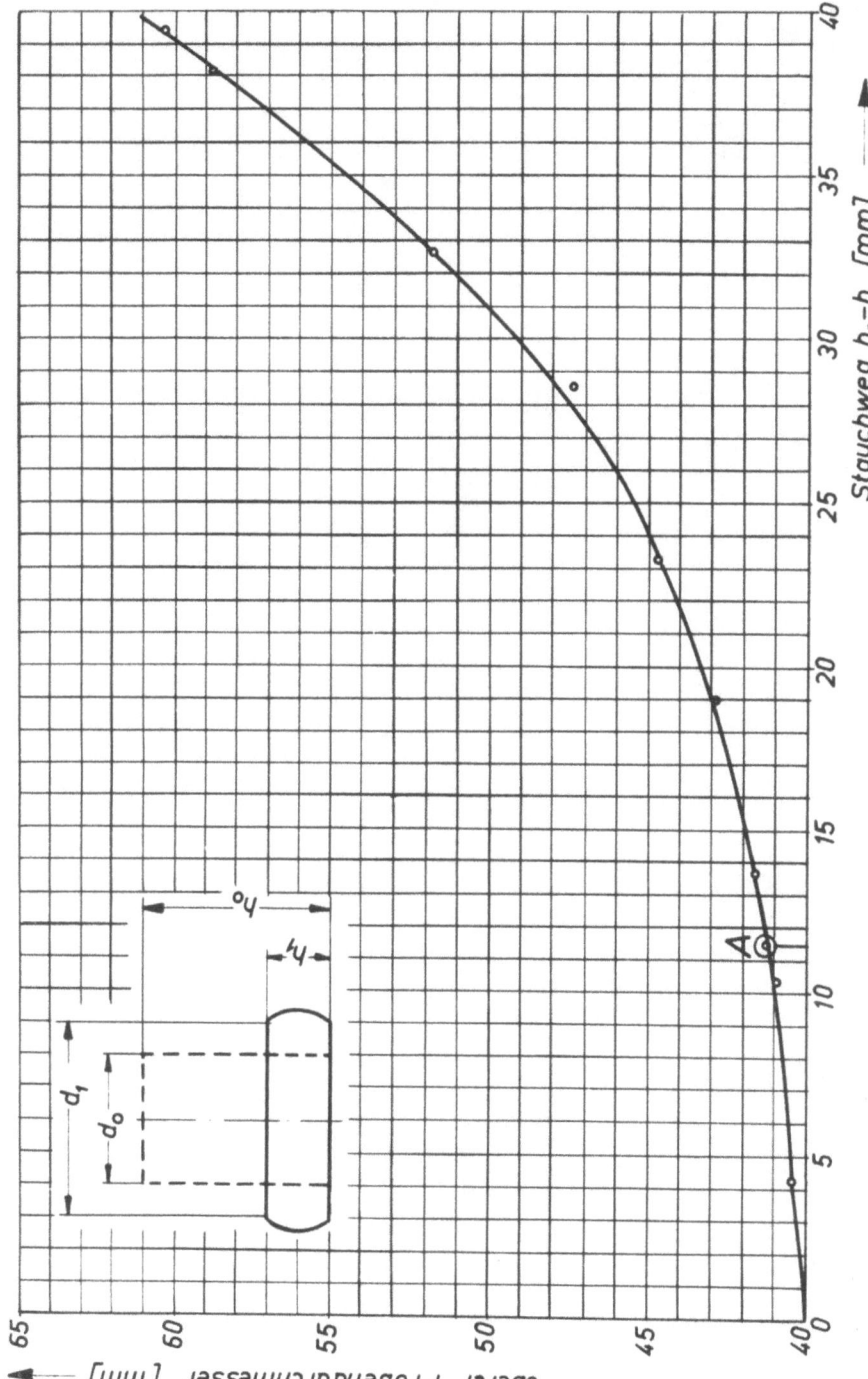

Abbildung 14
Änderung des oberen Probendurchmessers mit dem Stauchweg h_o-h.
Werkstoff: Stahl mit 0,091 % C; Temperatur: 1050° C

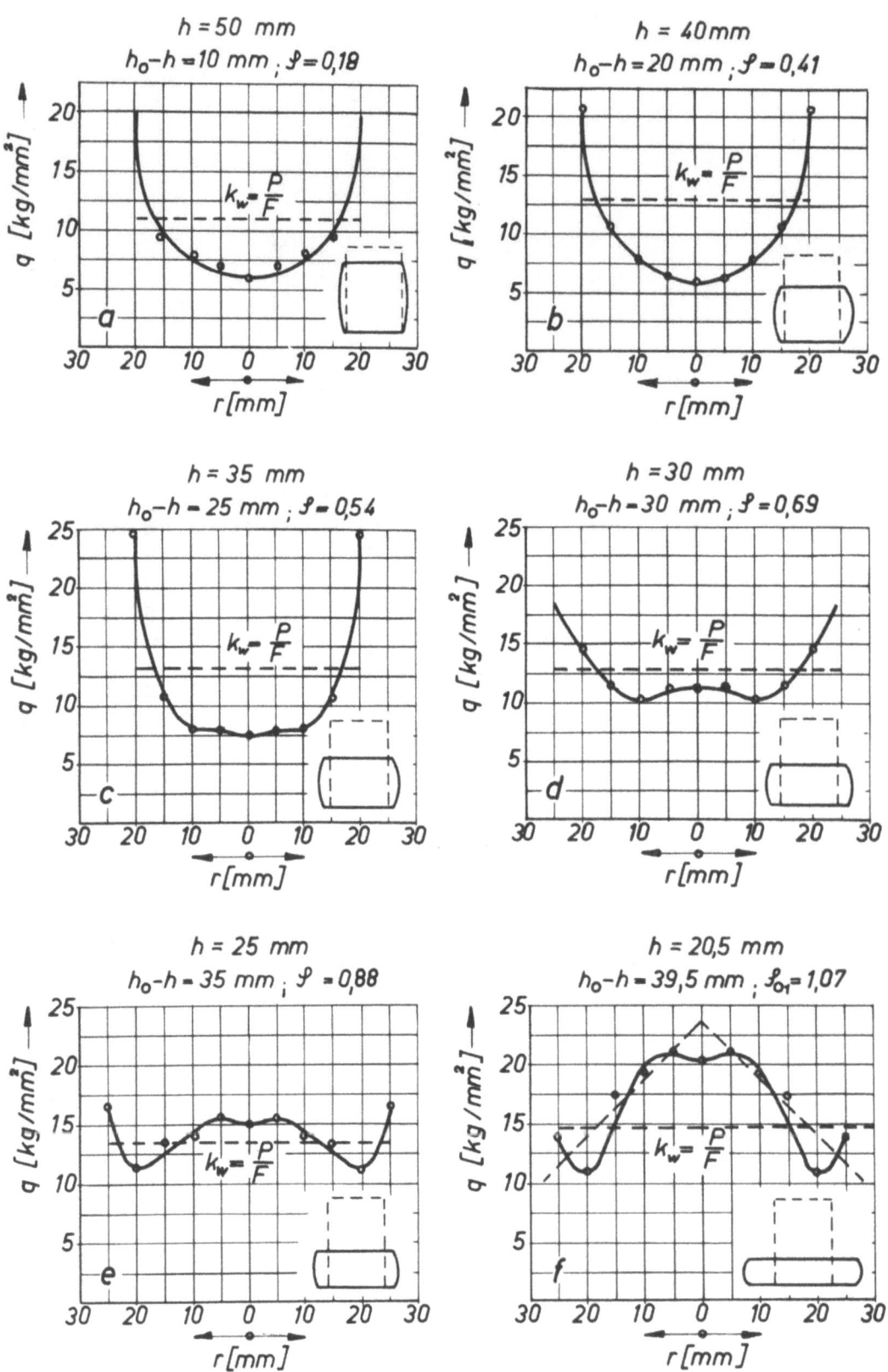

Abbildung 15

Normalspannungsverteilung auf der Preßfläche beim Stauchen von zylindrischen Proben in Abhängigkeit vom Stauchweg $h_o - h$.
Werkstoff: Stahl mit 0,091 % C; Temperatur: 1050° C;
mittlere Formänderungsgeschwindigkeit: $\dot{\varphi}_m = \dfrac{\varphi_{01}}{T_2'}$ 3 s^{-1}

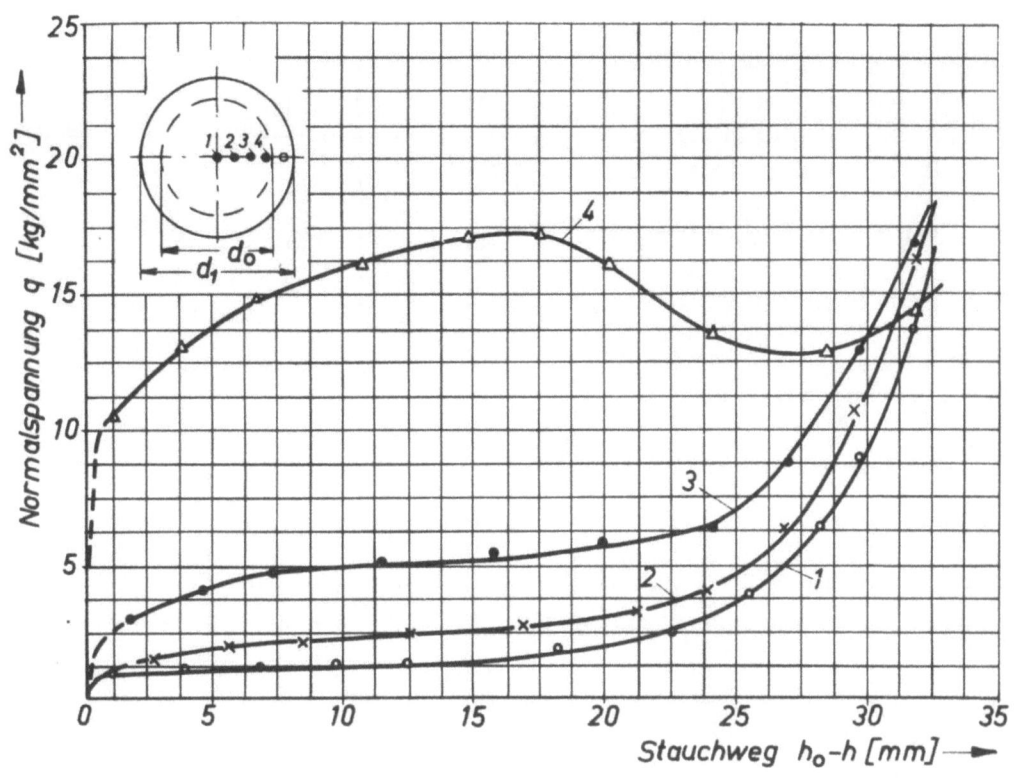

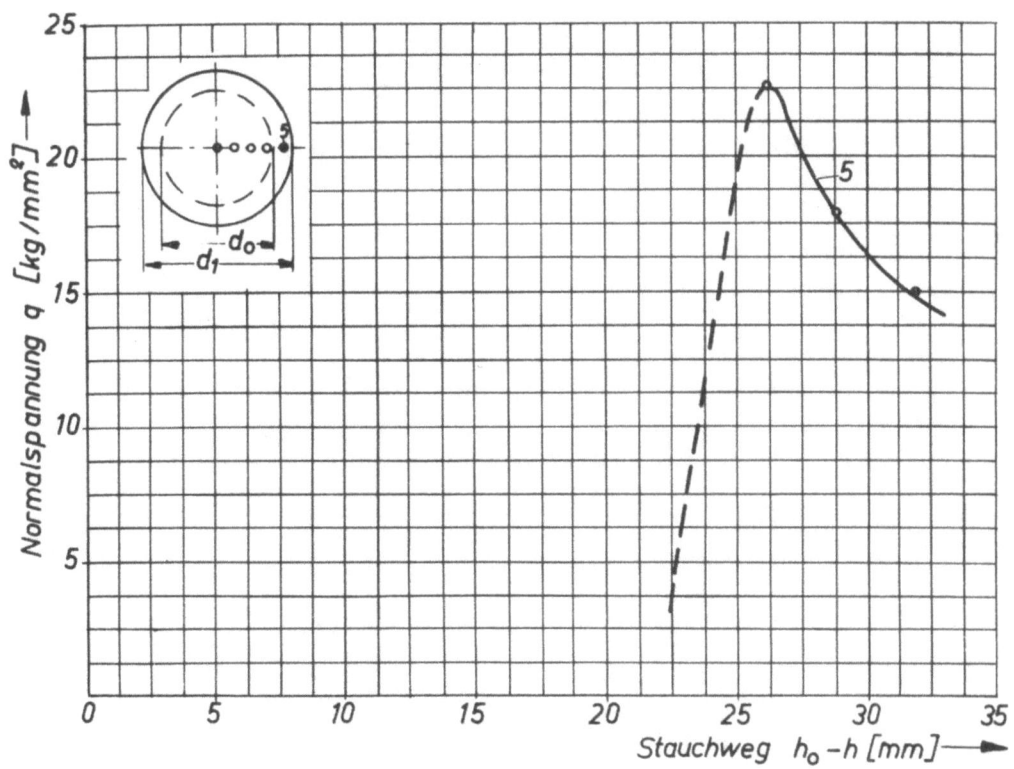

Abbildung 16

Normalspannungsverlauf in Abhängigkeit vom Stauchweg h_o-h an den Meßstellen 1 bis 5. Werkstoff: MZB 18 V; Temperatur: $440°$ C

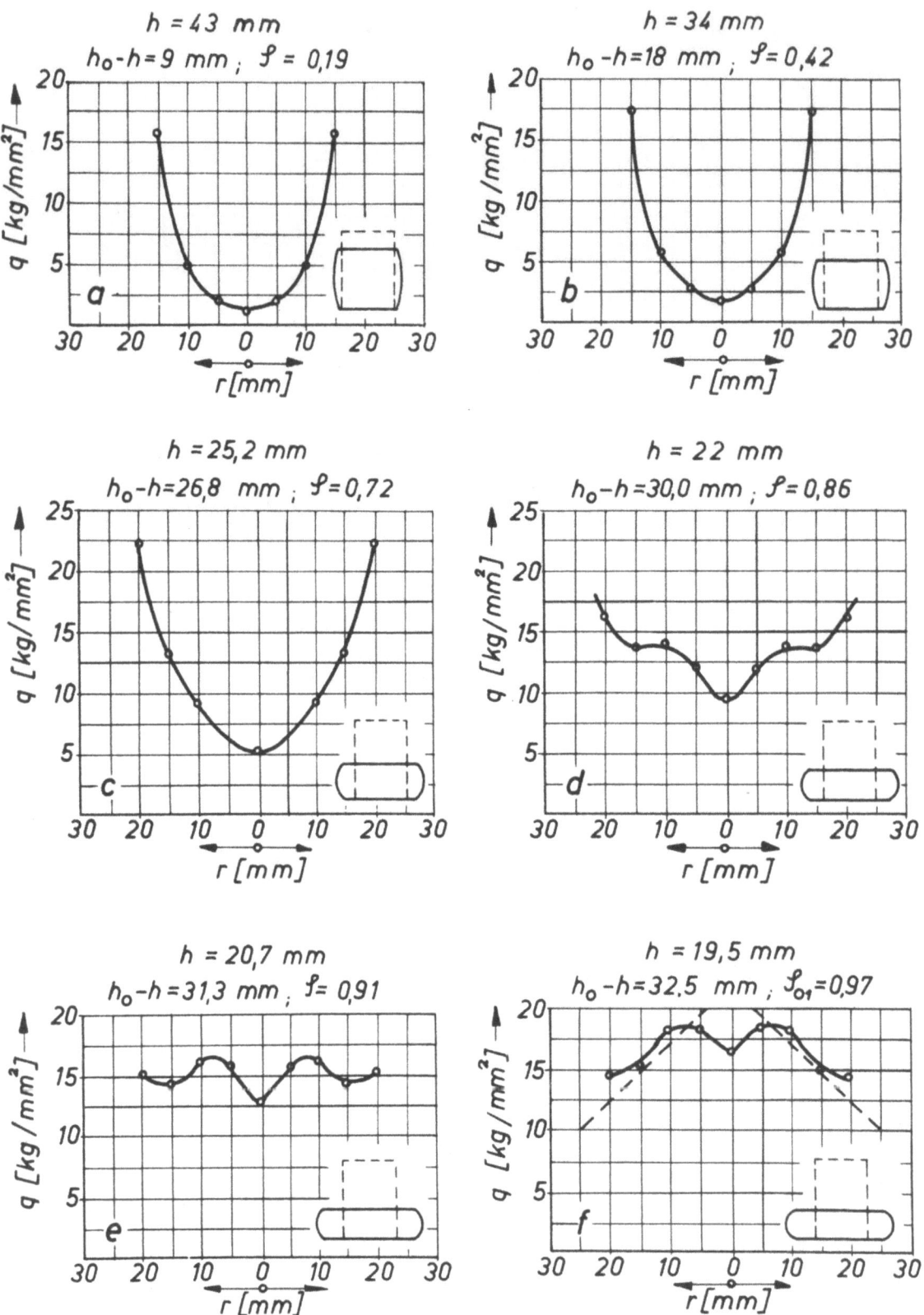

Abbildung 17

Normalspannungsverteilung auf der Preßfläche beim Stauchen von zylindrischen Proben in Abhängigkeit vom Stauchweg h_o-h.
Werkstoff: MZB 18 V; Temperatur: 440° C;
mittlere Formänderungsgeschwindigkeit: $\dot{\varphi}_m = \frac{\varphi_{01}}{T_2} \approx 3\ s^{-1}$

Abbildung 18
Mit dem Schlitzwerkzeug gestauchte Proben.
Ausgangsdurchmesser d_o = 35 mm; Werkstoff Ck 15; Temperatur 1050° C

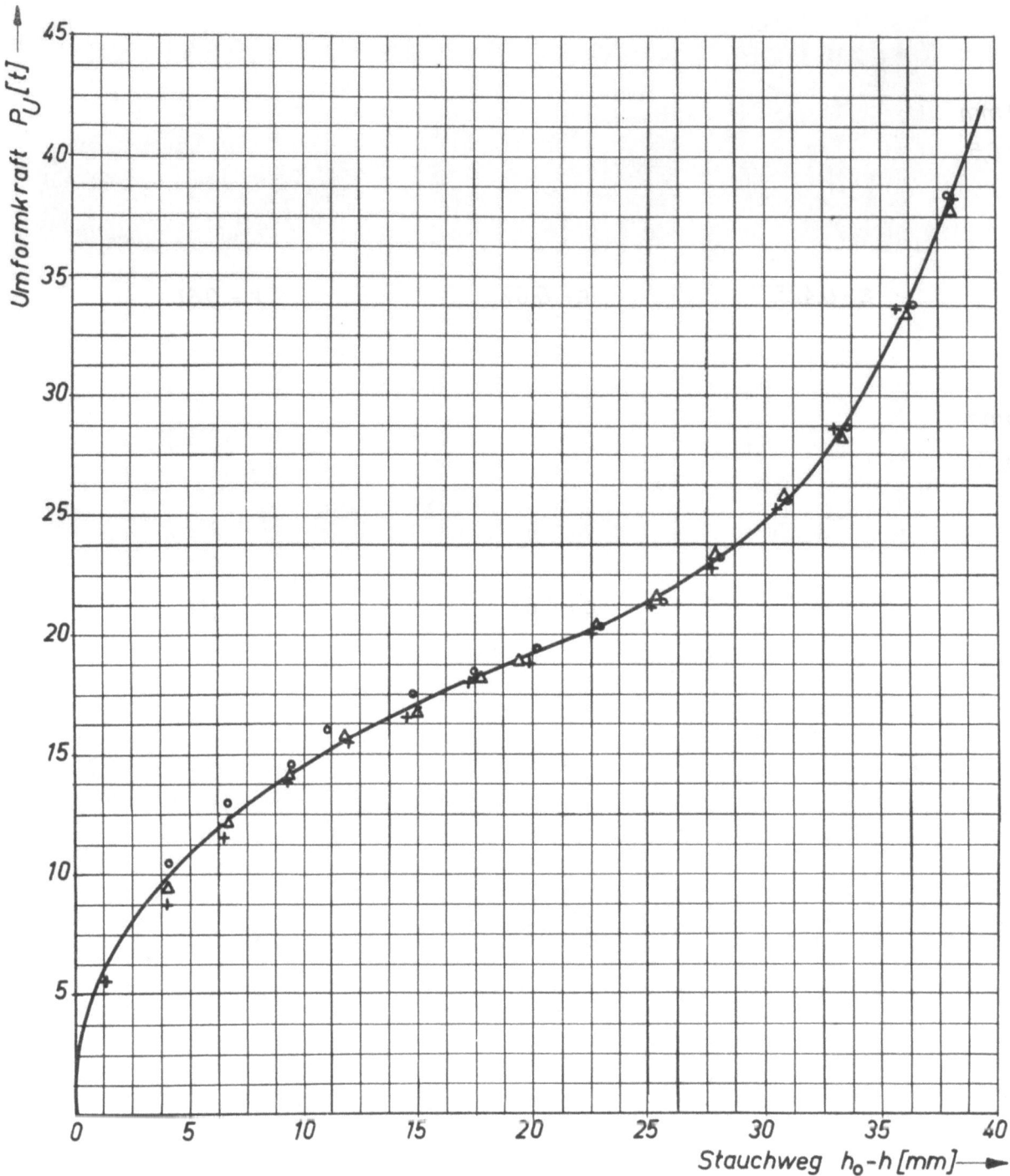

A b b i l d u n g 19

Umformkraft P_U in Abhängigkeit vom Stauchweg h_o-h
Werkstoff: Stahl mit 0,091 % C; Temperatur: 1050° C;
mittlere Formänderungsgeschwindigkeit: $\dot{\varphi}_m = \frac{\varphi_{01}}{T_2'} \approx 3 \text{ s}^{-1}$

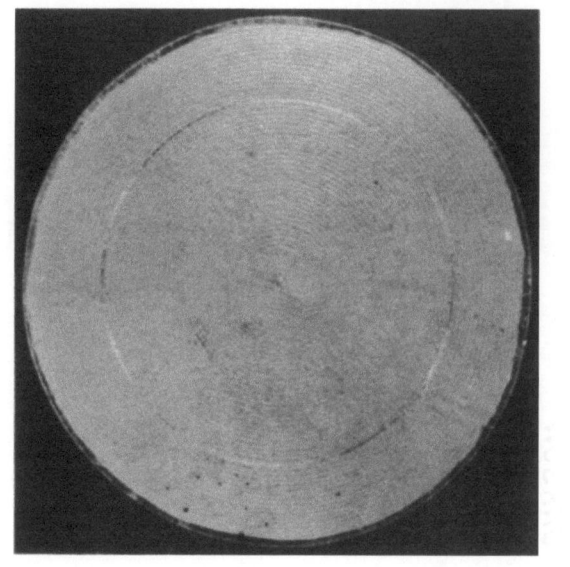

Abbildung 20

Preßfläche einer Probe aus Pantal 19. Kalt gestaucht und mit Paste "Molykote G" geschmiert. Rauheit der Stauchbahnen R = 1µ.

h_o = 42 mm; h_1 = 20 mm; φ = 0,74

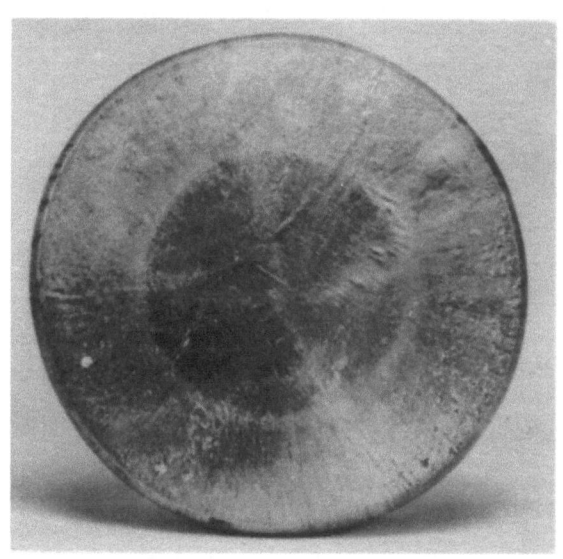

Abbildung 21

Preßfläche einer Probe aus Pantal 19. Ohne Schmiermittel kalt gestaucht. Rauheit der Stauchbahnen R = 1µ. h_o = 42 mm; h_1 = 11 mm; φ = 1,34

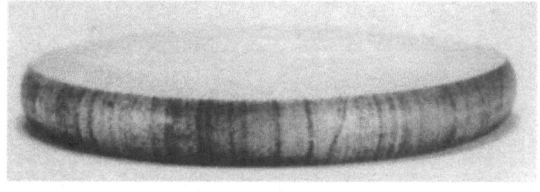

Abbildung 22

Probe aus Pantal 19. Ohne Schmiermittel kalt gestaucht. Rauheit der Stauchbahnen R = 1µ. h_o = 42 mm; h_1 = 11 mm; φ = 1,34

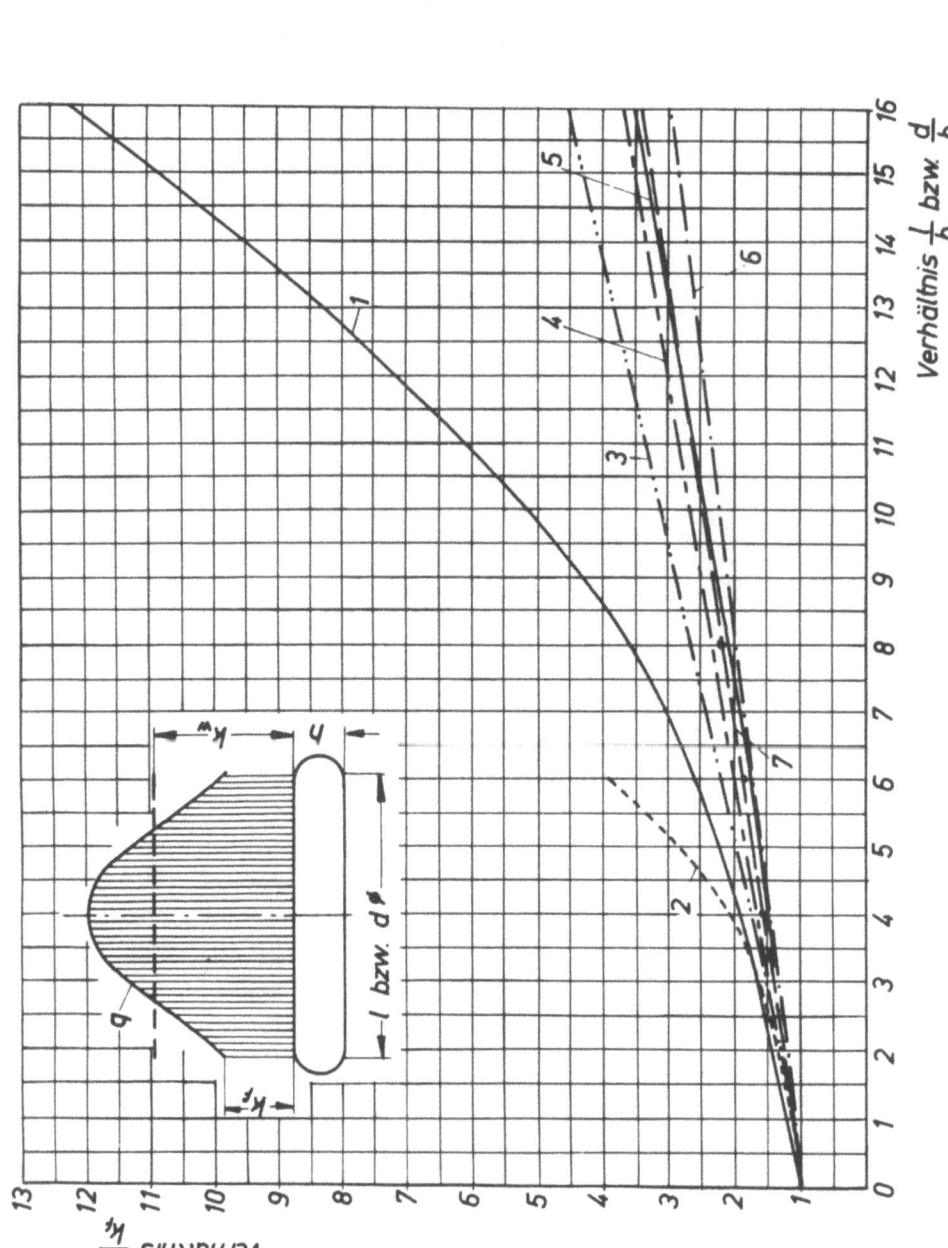

1 KÖRBER und EICHINGER
2 GELEJI
3 UNKSOW
  ($\tau = \tau_{max} = \frac{k_f}{2}$ = const. für $0 < x < x_0$)
4 UNKSOW
  ($\tau = \frac{k_f}{2} \cdot \frac{x}{x_0}$ für $0 < x < x_0$)
5 SCHROEDER und WEBSTER
6 SIEBEL
7 STÖTER

Abbildung 23

Vergleich verschiedener Ansätze der elementaren Plastizitätstheorie zur Bestimmung des Formänderungswiderstandes beim breitungslosen bzw. achsensymmetrischen Stauchen zwischen ebenen parallelen Bahnen

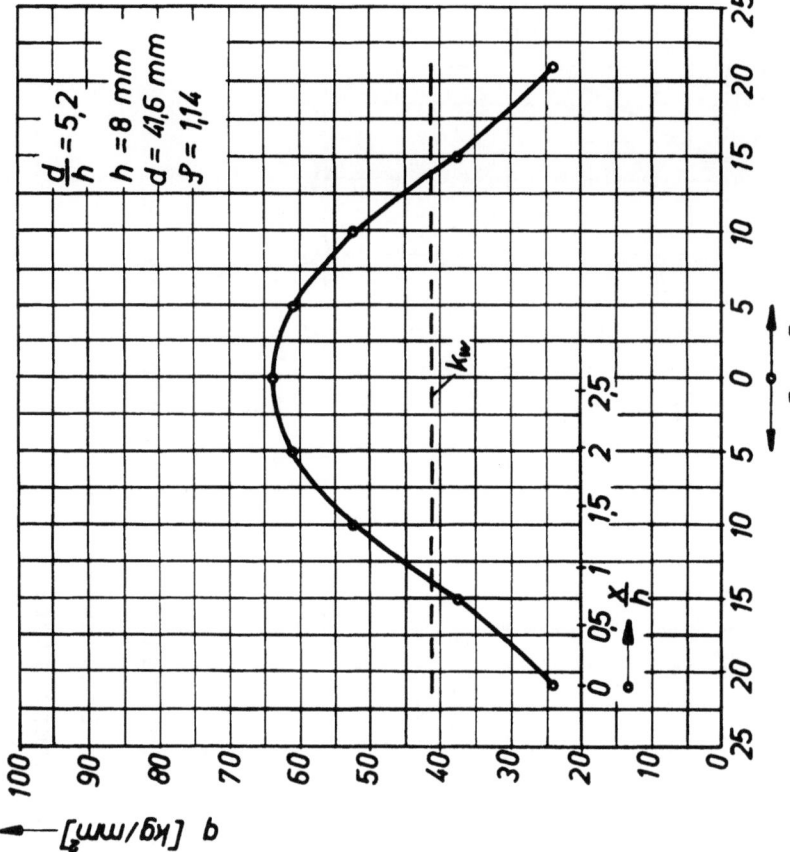
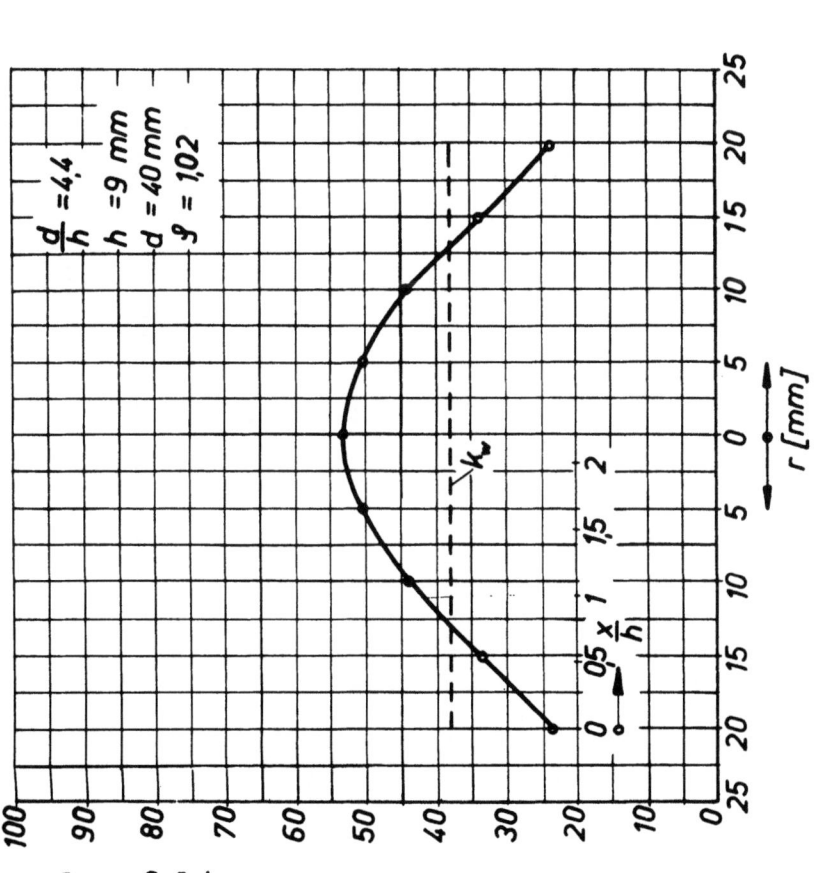

Abbildung 24

Normalspannungsverteilung auf der Preßfläche beim Stauchen von zylindrischen

Proben ($\frac{d_o}{h}$ = 1) in Abhängigkeit vom Stauchweg h_o-h.

Werkstoff: Pantal 19 (Al Mg Si); Temperatur: $20°$ C

Formänderungsgeschwindigkeit $\dot{\varphi}_m = \frac{\varphi_{01}}{T_2}$ $0,4$ s^{-1}

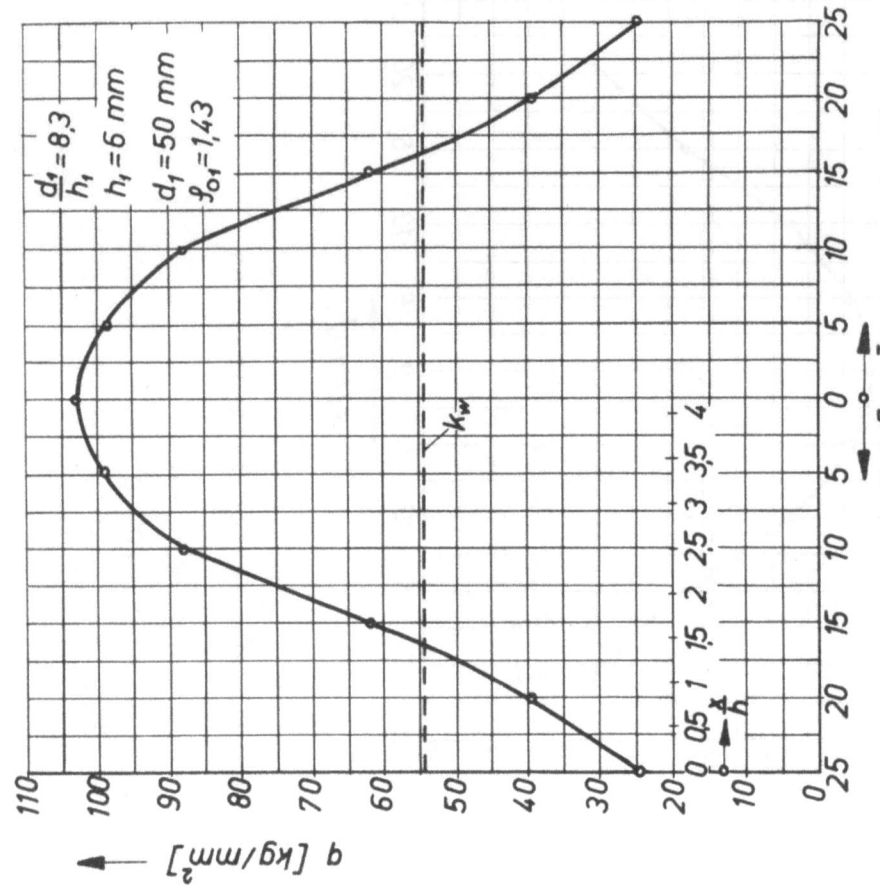
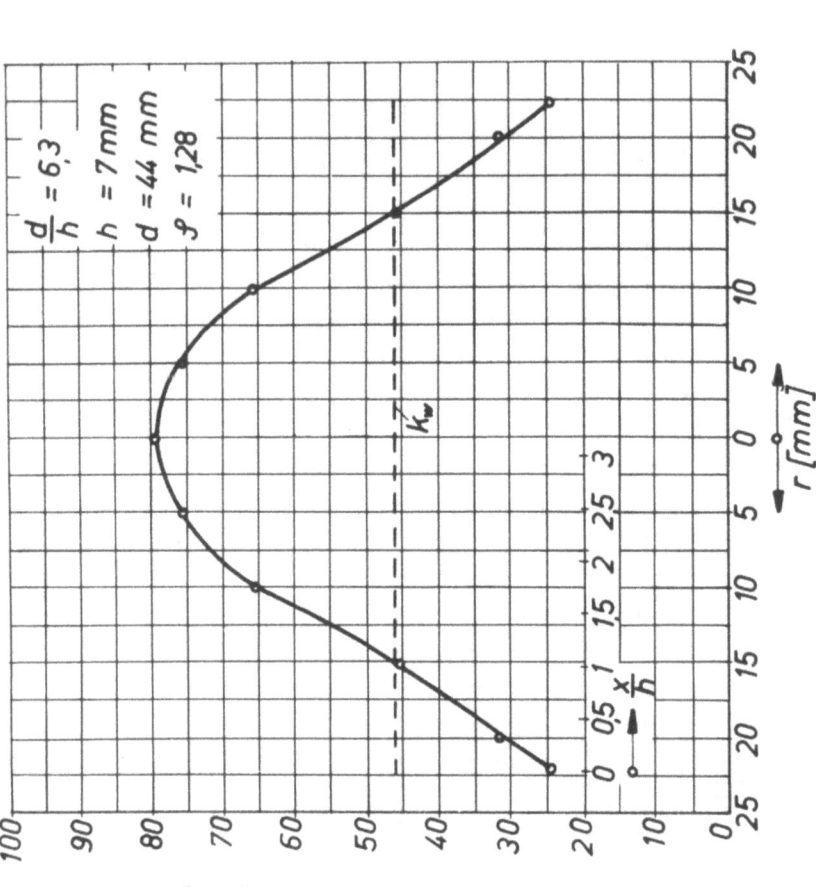

Abbildung 25

Normalspannungsverteilung auf der Preßfläche beim Stauchen von zylindrischen

Proben ($\frac{d_o}{h_o} = 1$) in Abhängigkeit vom Stauchweg $h_o - h$.

Werkstoff: Pantal 19 (Al Mg Si); Temperatur: $20°$ C

Formänderungsgeschwindigkeit: $\dot{\varphi}_m = \frac{\varphi_{o1}}{T_2}$ 0,4 s^{-1}

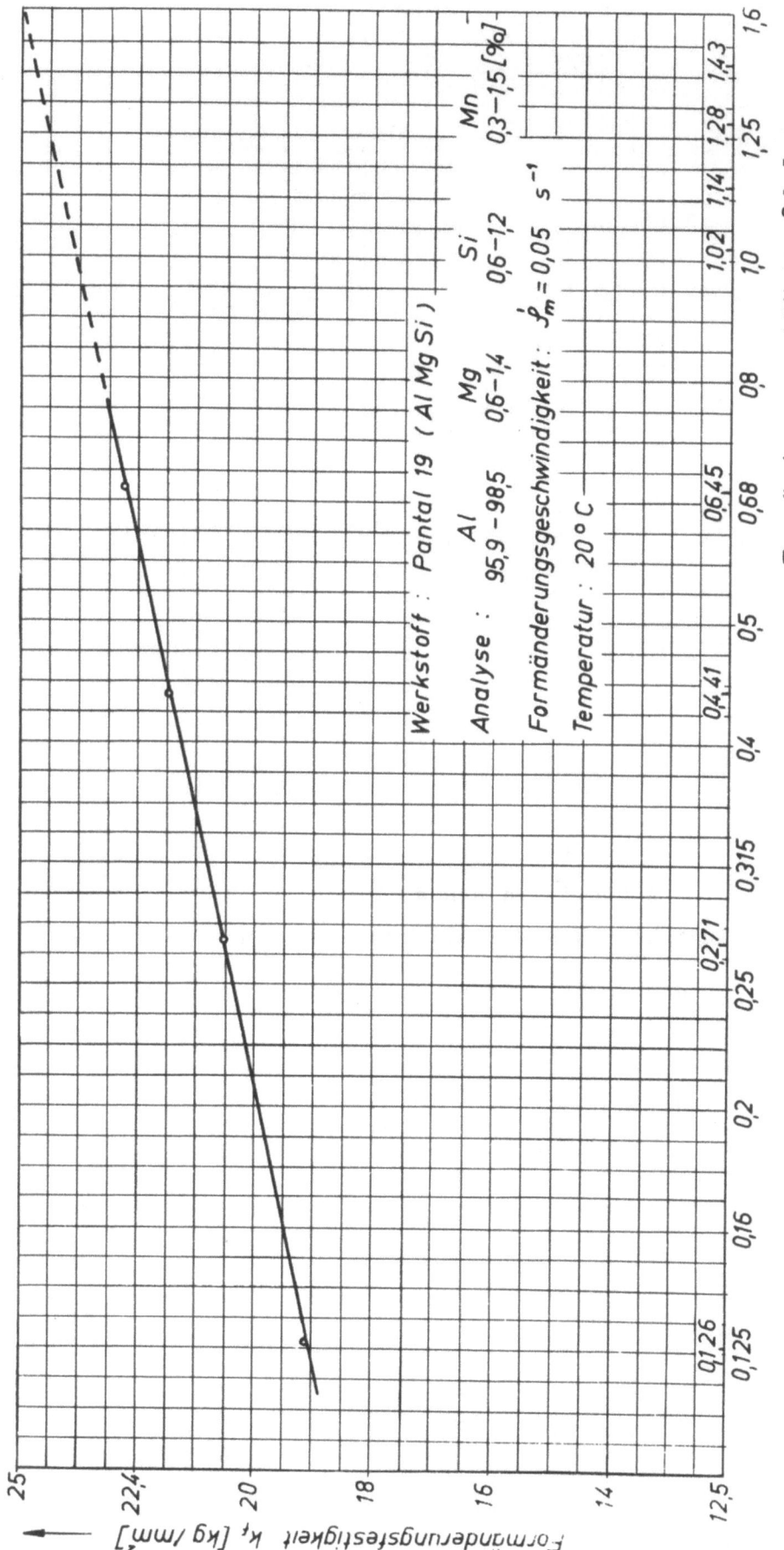

Abbildung 26

Fließkurve von Pantal 19 ermittelt durch Stauchversuche in einer hydraulischen Versuchspresse zwischen gehärteten und geschliffenen ebenen parallelen Bahnen ($R = 1\,\mu$).
Schmiermittel: Paste "Molykote G"

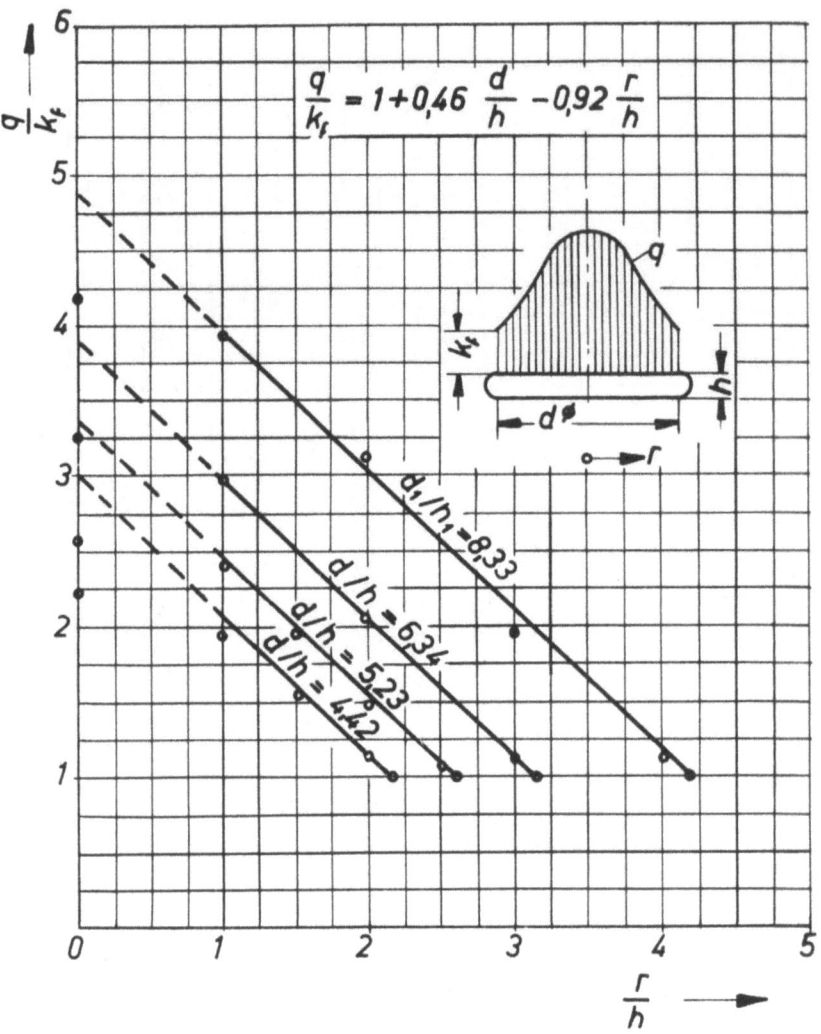

Abbildung 27

Abhängigkeit des Verhältnisses $\frac{q}{k_f}$ von den Verhältnissen $\frac{r}{h}$ und $\frac{d}{h}$

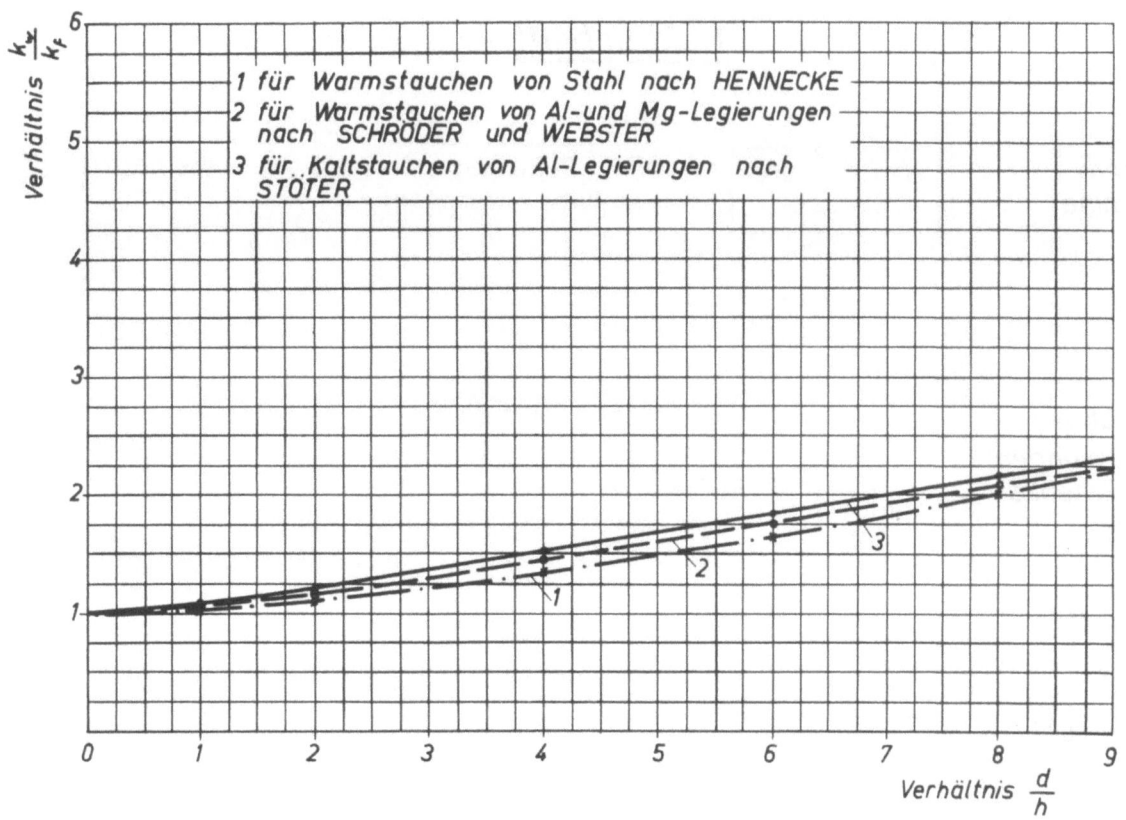

Abbildung 28

Verhältnis $\frac{k_w}{k_f}$ in Abhängigkeit vom Verhältnis $\frac{d}{h}$ für das Warmstauchen von Stahl sowie Al- und Mg-Legierungen und das Kaltstauchen von Al-Legierungen

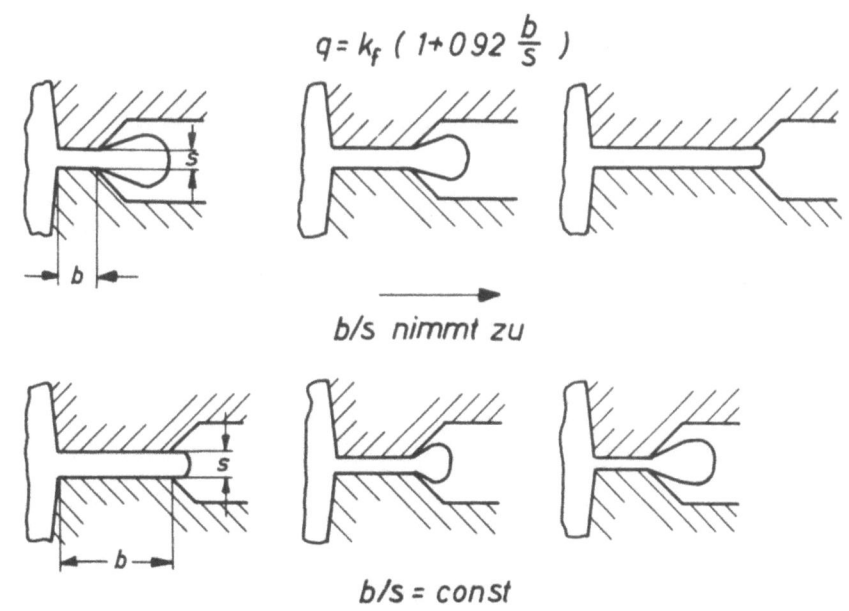

Abbildung 29

Einfluß der Gratbahnabmessungen auf die Normalspannung

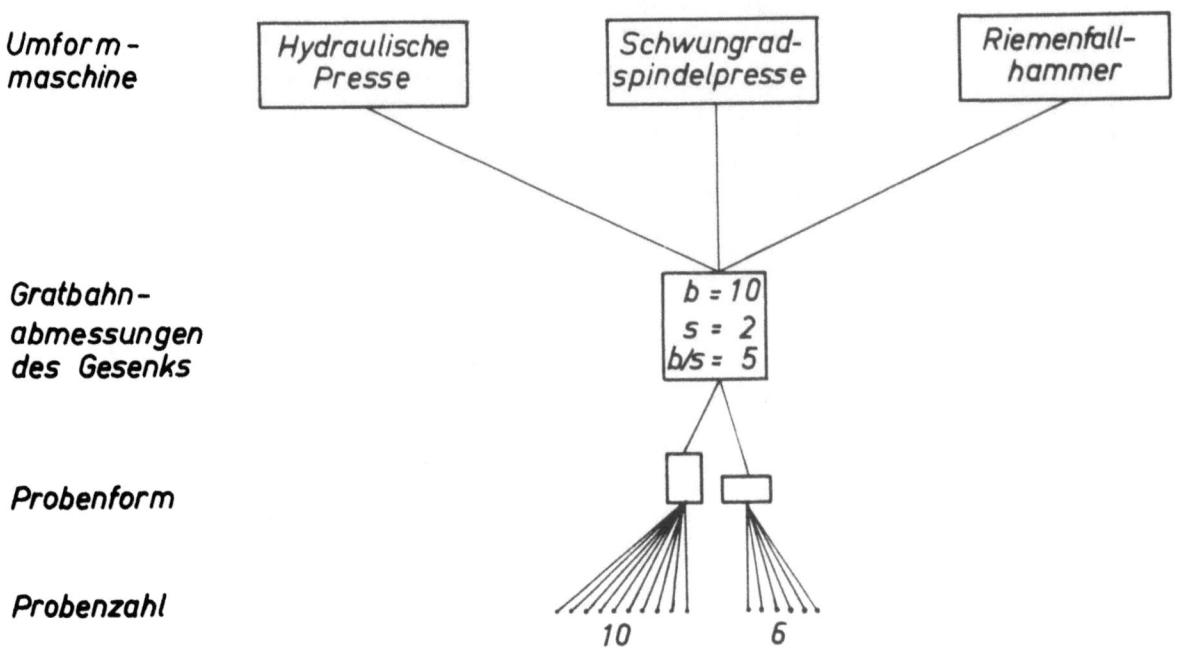
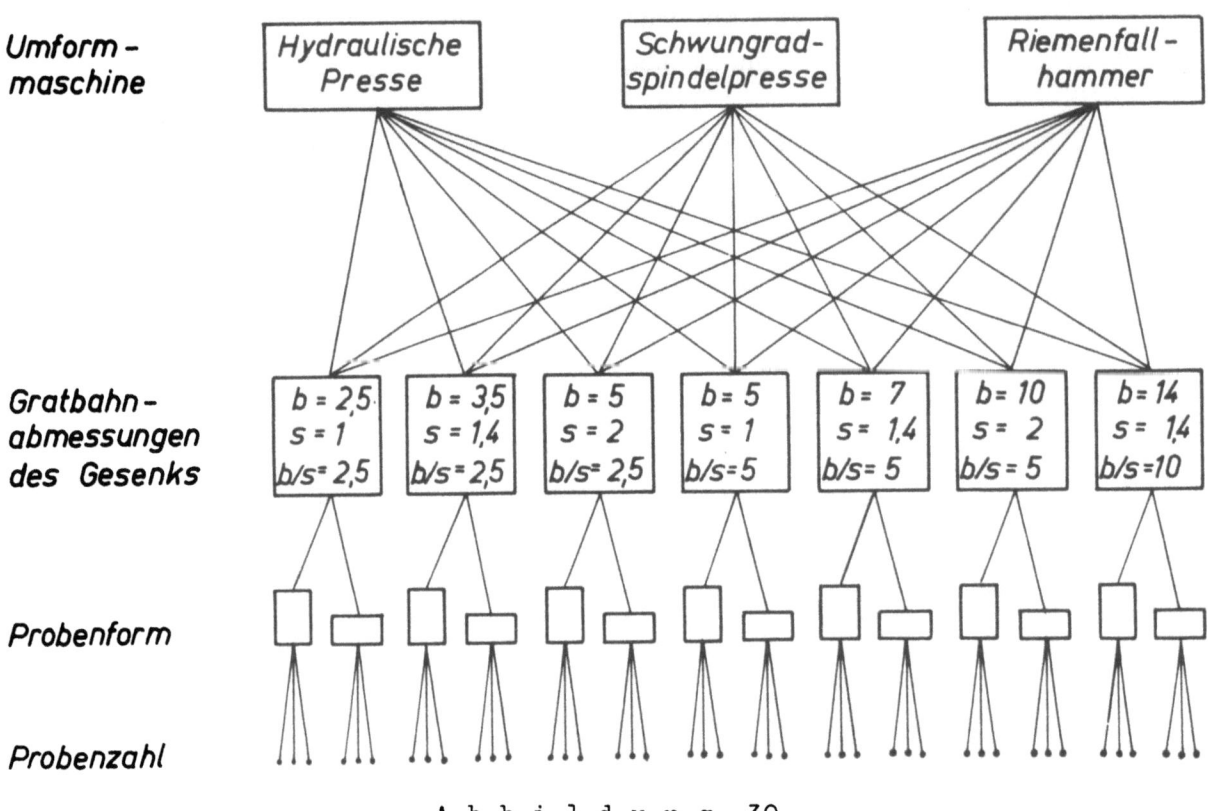

Abbildung 30
Versuchsprogramm zur Untersuchung des Steigvorgangs in Hammer u. Pressen

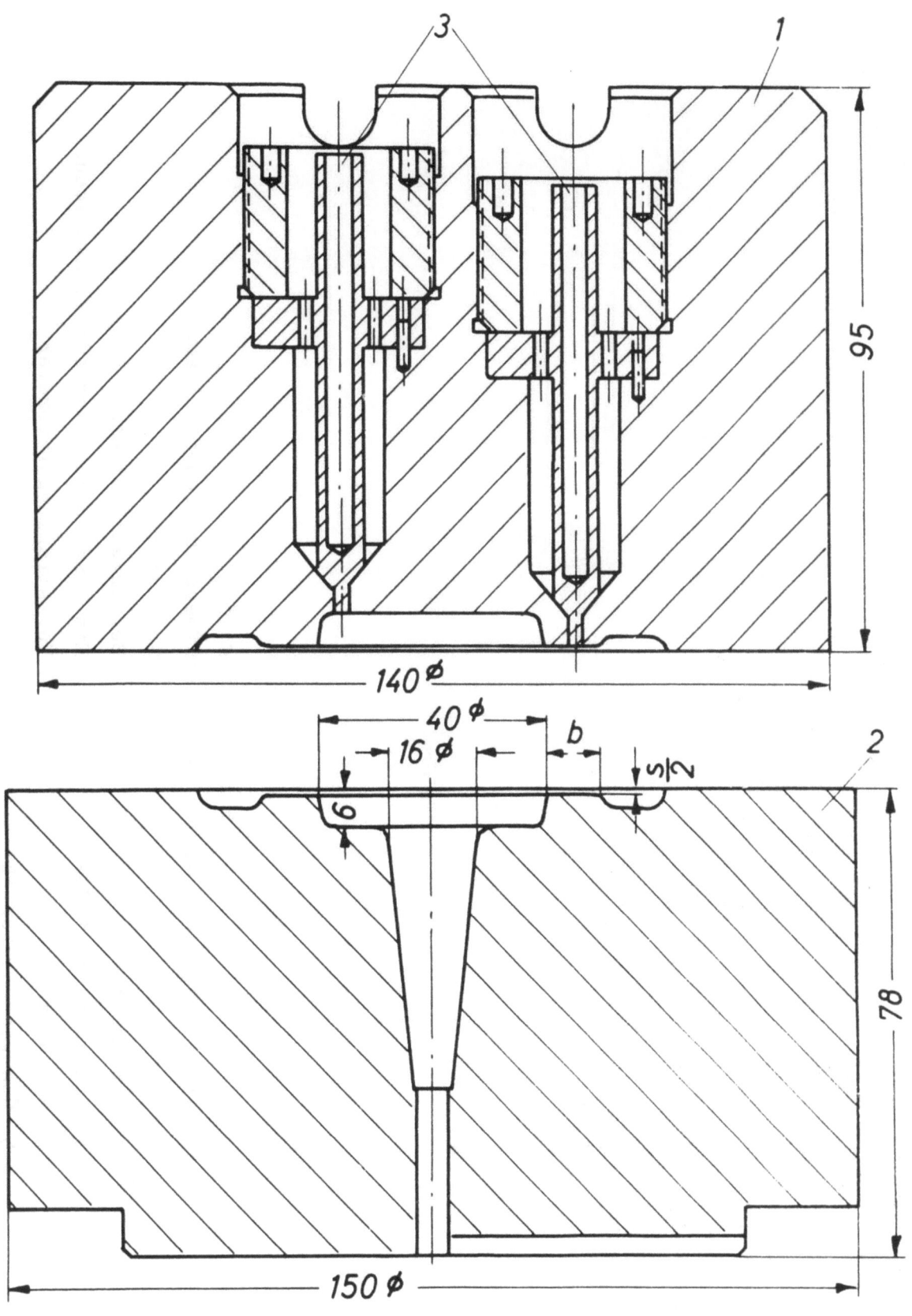

Abbildung 31
Das Versuchsgesenk
1 Obergesenk, 2 Untergesenk, 3 Spannungsmeßstifte

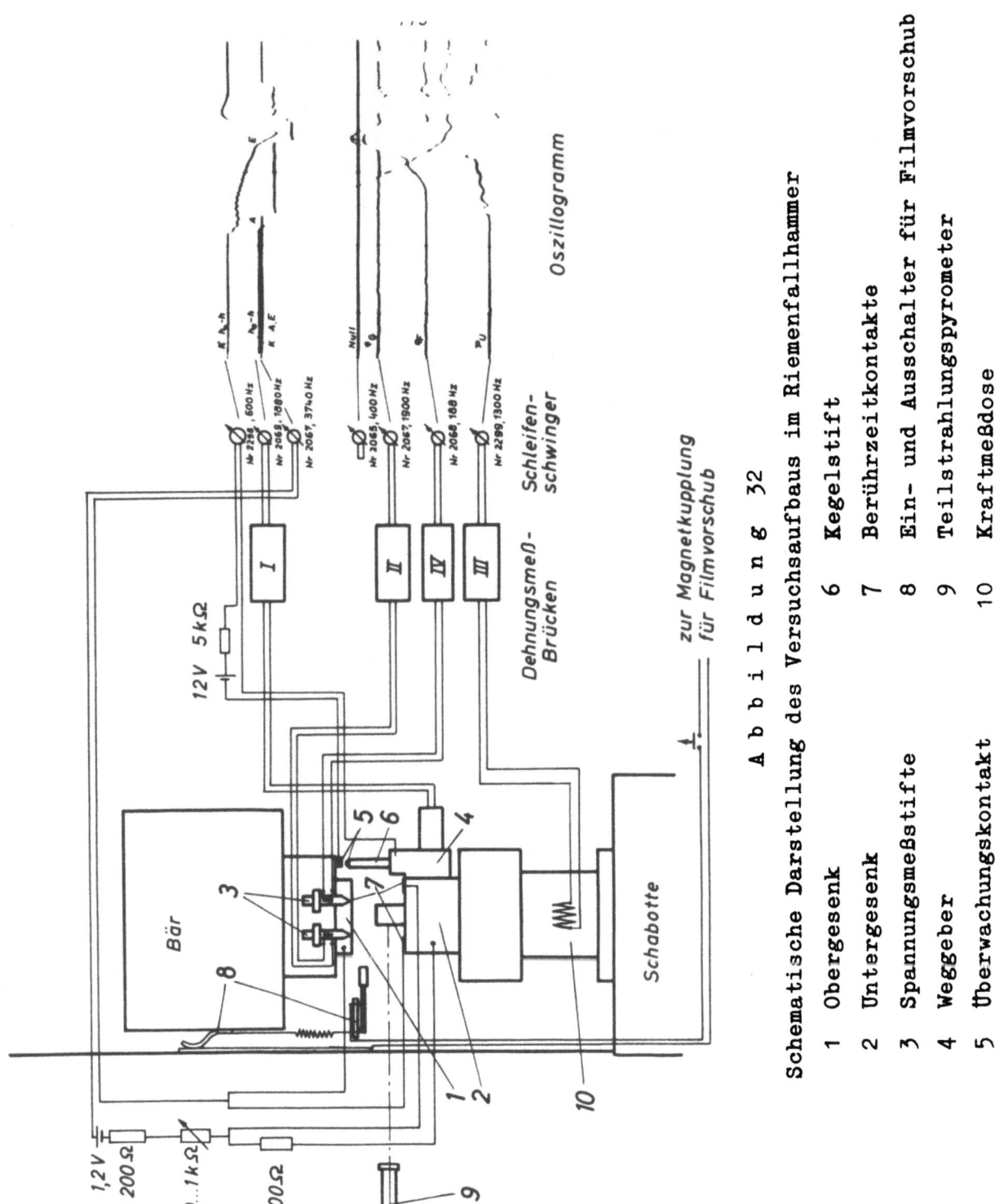

Abbildung 32

Schematische Darstellung des Versuchsaufbaus im Riemenfallhammer

1 Obergesenk
2 Untergesenk
3 Spannungsmeßstifte
4 Weggeber
5 Überwachungskontakt
6 Kegelstift
7 Berührzeitkontakte
8 Ein- und Ausschalter für Filmvorschub
9 Teilstrahlungspyrometer
10 Kraftmeßdose

Abbildung 33
Versuchsaufbau am Riemenfallhammer
Gesamtansicht

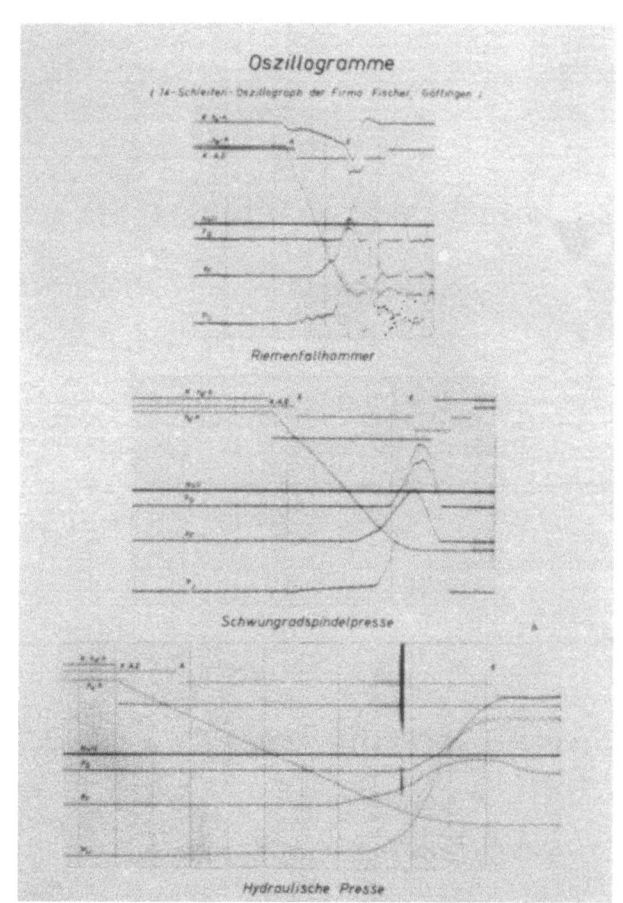

Abbildung 34
Oszillogramme des Umformvorgangs in verschiedenen Umformmaschinen

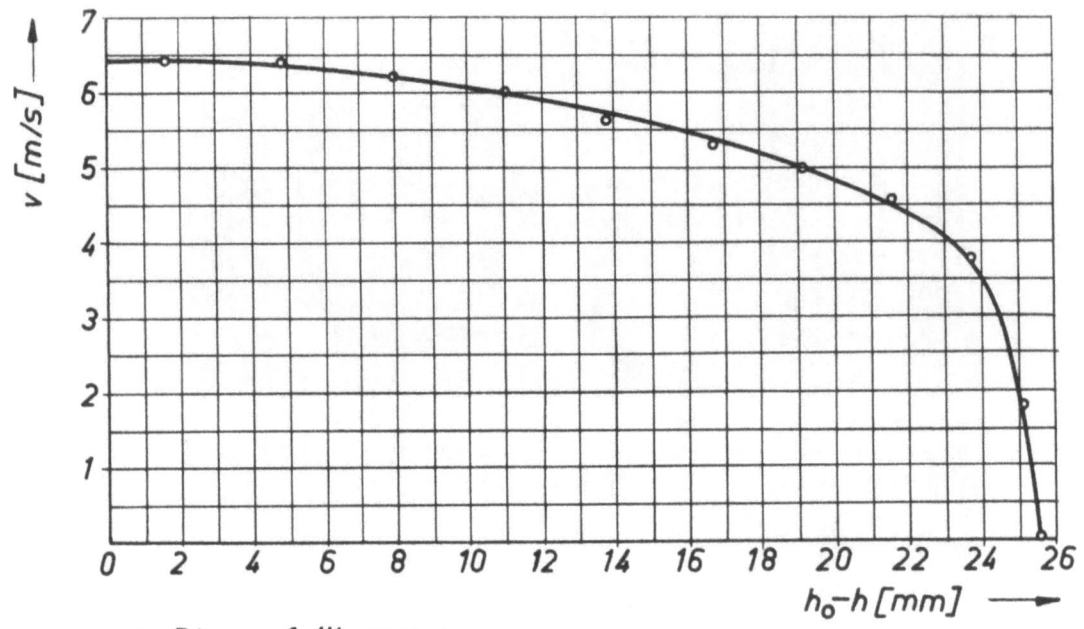
a) Riemenfallhammer

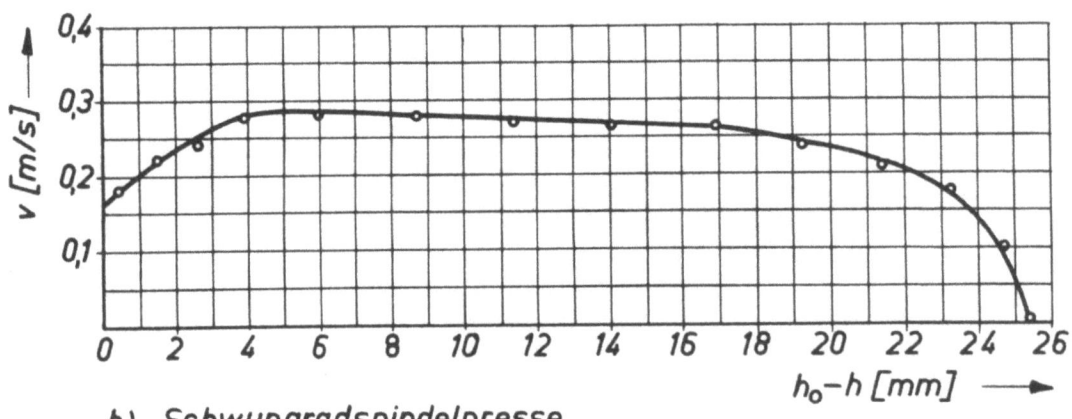
b) Schwungradspindelpresse

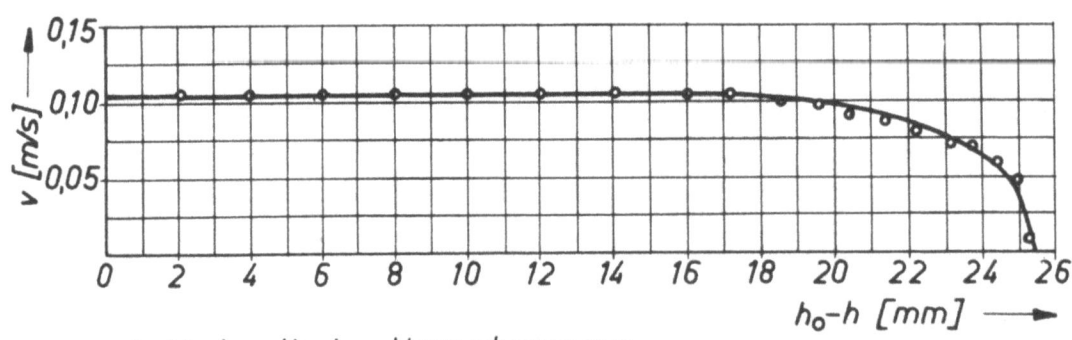
c) Hydraulische Versuchspresse

A b b i l d u n g 35

Bär- bzw. Stößelgeschwindigkeitsverlauf in Abhängigkeit
vom Umformweg bei verschiedenen Umformmaschinen

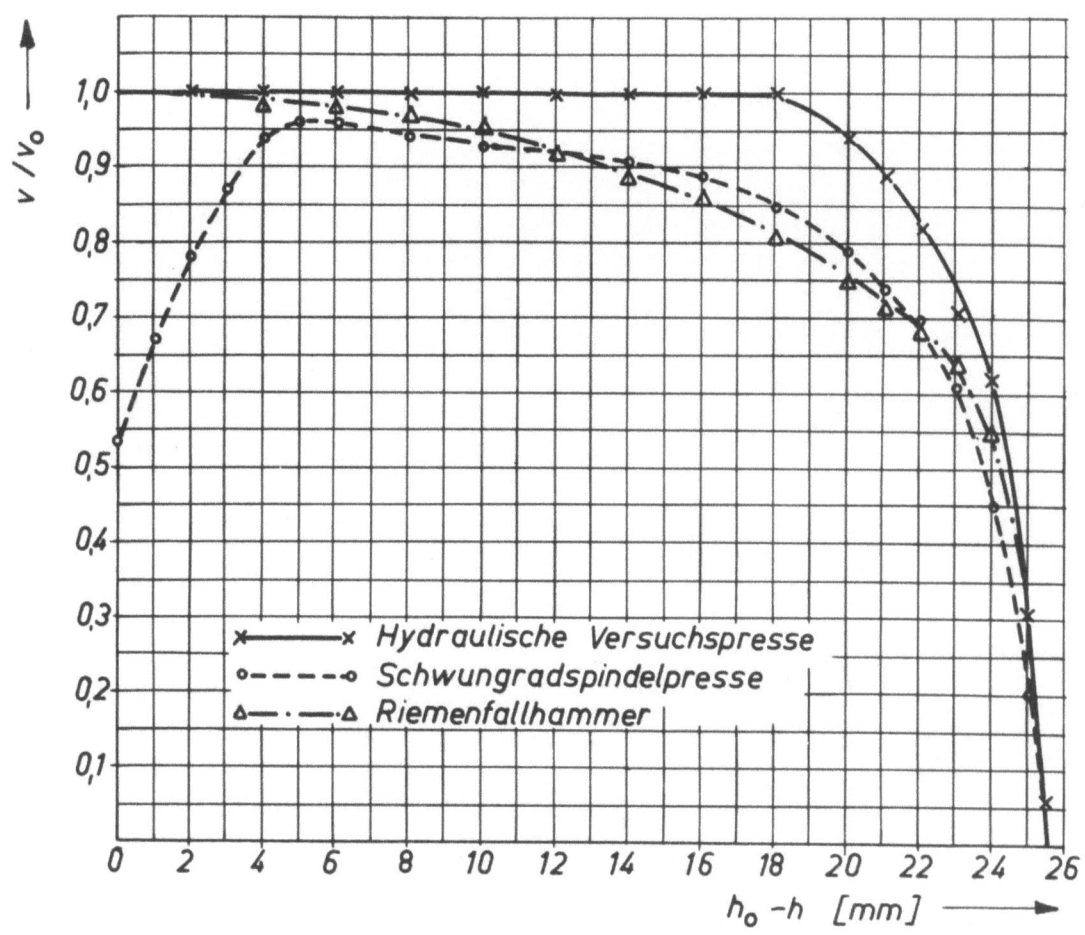

Abbildung 36
Vergleich der bezogenen Werkzeuggeschwindigkeiten
in verschiedenen Umformmaschinen

Hydraulische Versuchspresse

Hohe Probenausgangsform

Niedrige Probenausgangsform

Freies Stauchen ← | → Geführte Umformung

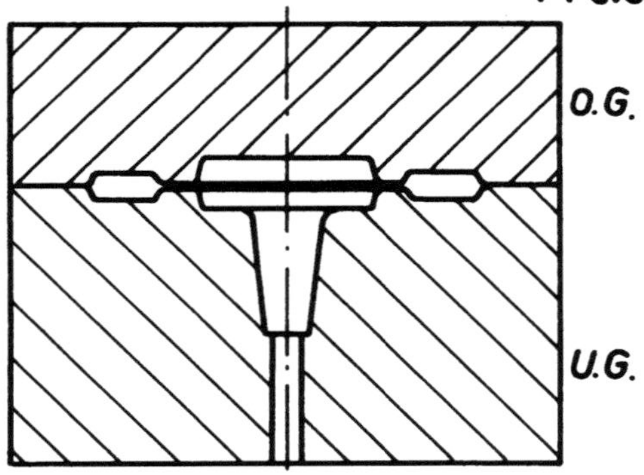

Lage der Gravur

O.G.
U.G.

Riemenfallhammer

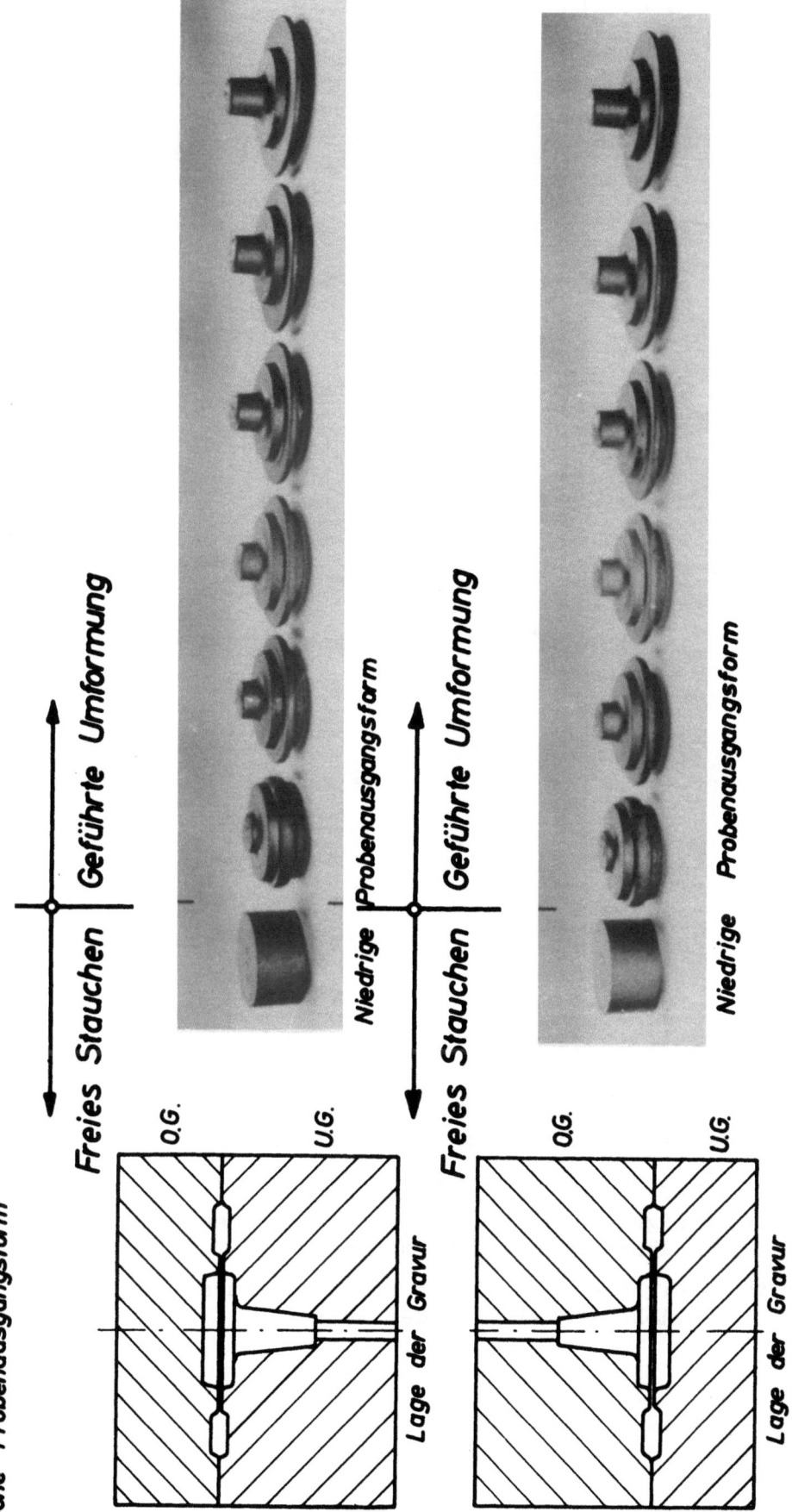

Abbildung 37
Stufenstauchversuche in der hydraulischen Versuchspresse und im Riemenfallhammer

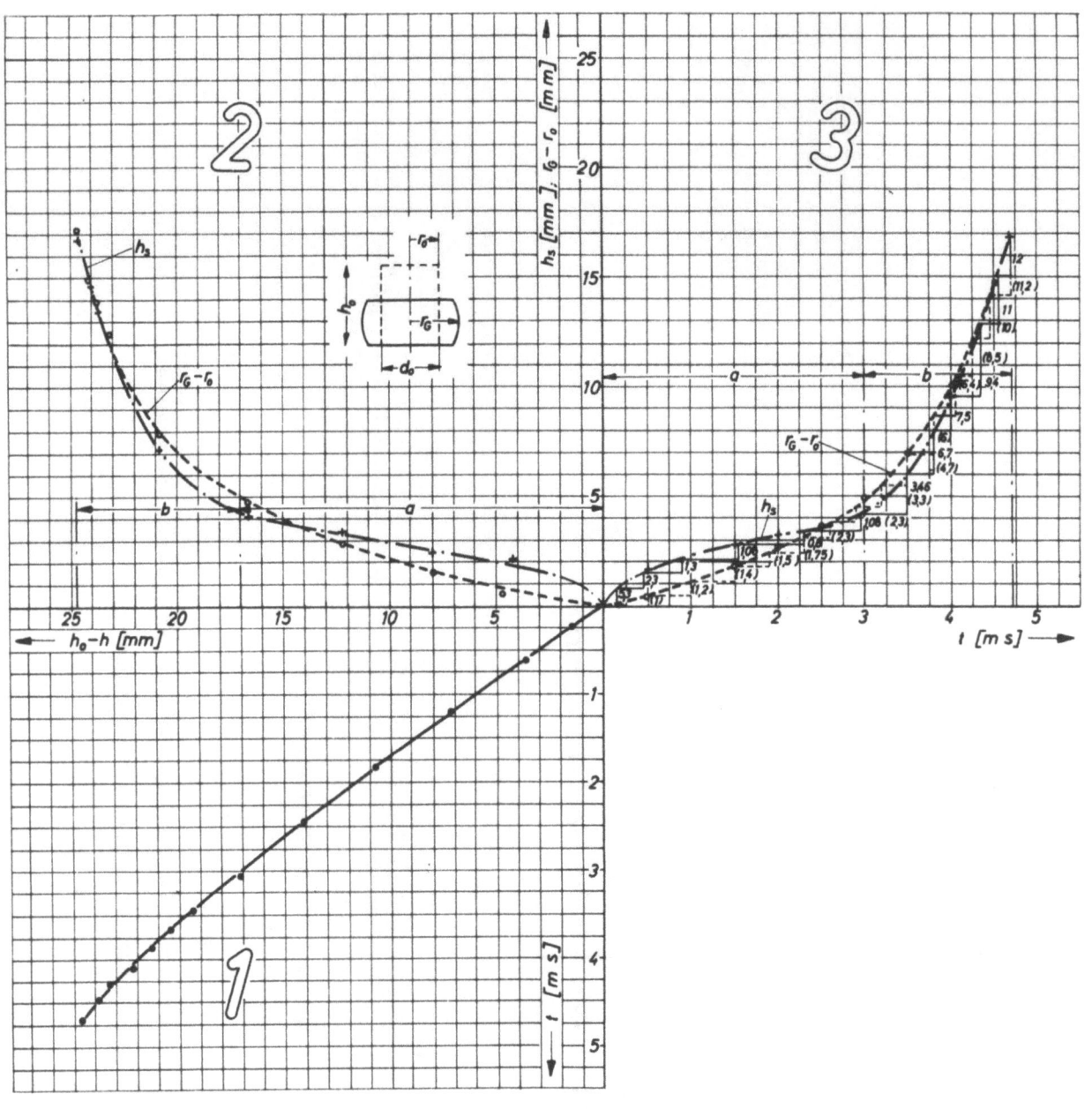

Abbildung 38

Stufenstauchversuch im Riemenfallhammer

Feld 1: Umformweg-Zeit-Kurve des Hammerbärs

Feld 2: Steighöhe und größter Probendurchmesser in Abhängigkeit vom Umformweg

Feld 3: Steighöhe und größter Probendurchmesser in Abhängigkeit von der Zeit

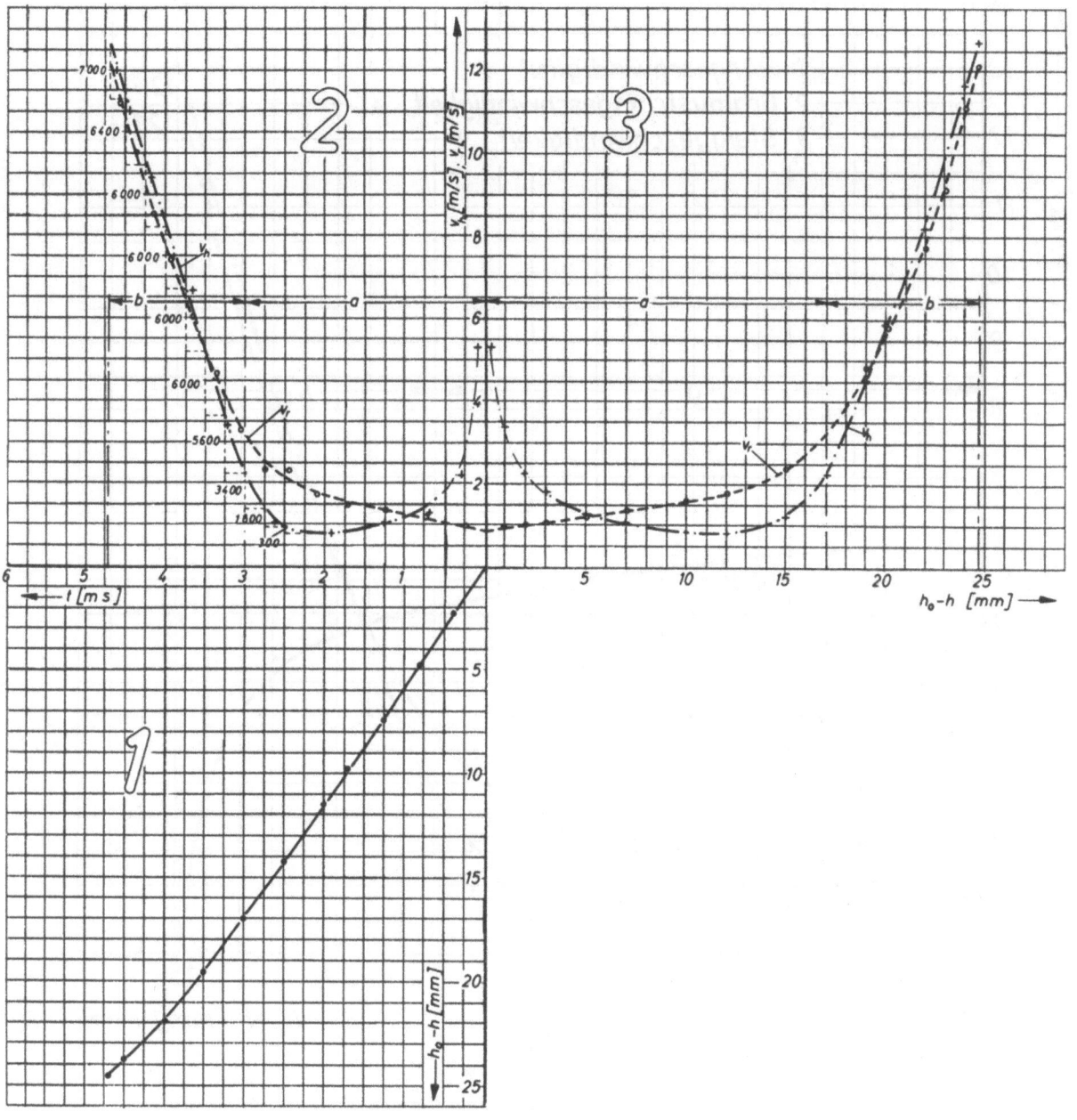

Abbildung 39

Stufenstauchversuch im Riemenfallhammer

Feld 1: Umformweg-Zeit-Kurve des Hammerbärs

Feld 2: Steig-, Ausbauch- und Grataustrittsgeschwindigkeit in Abhängigkeit von der Zeit

Feld 3: Steig-, Ausbauch- und Grataustrittsgeschwindigkeit in Abhängigkeit vom Umformweg

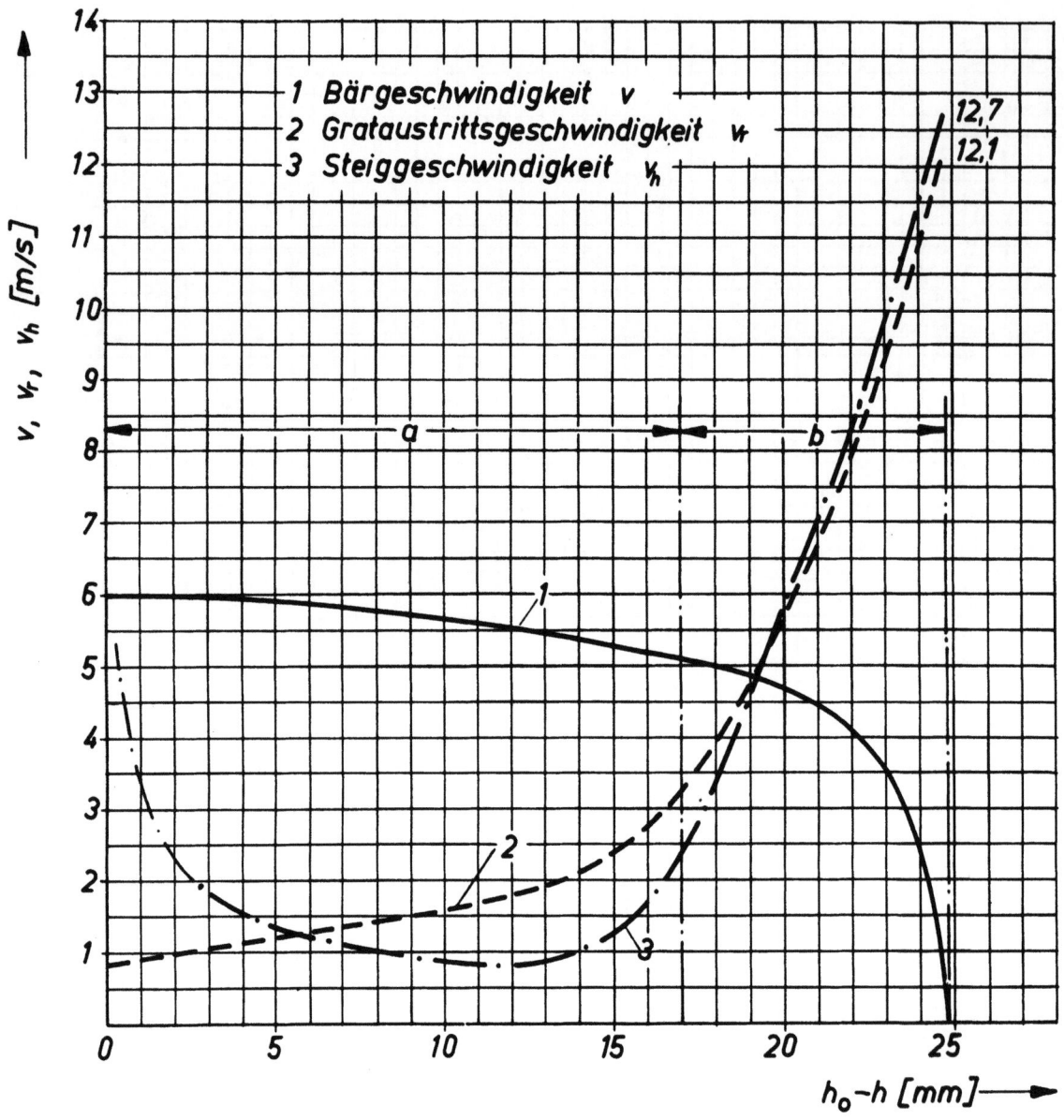

Abbildung 40

Vergleich der Bär-, Ausbauch- bzw. Grataustritts- und Steiggeschwindigkeit beim Schmieden im Riemenfallhammer

Werkstoff Ck 15; Umformtemperatur $\vartheta_{Sch_o} = 1100°$ C

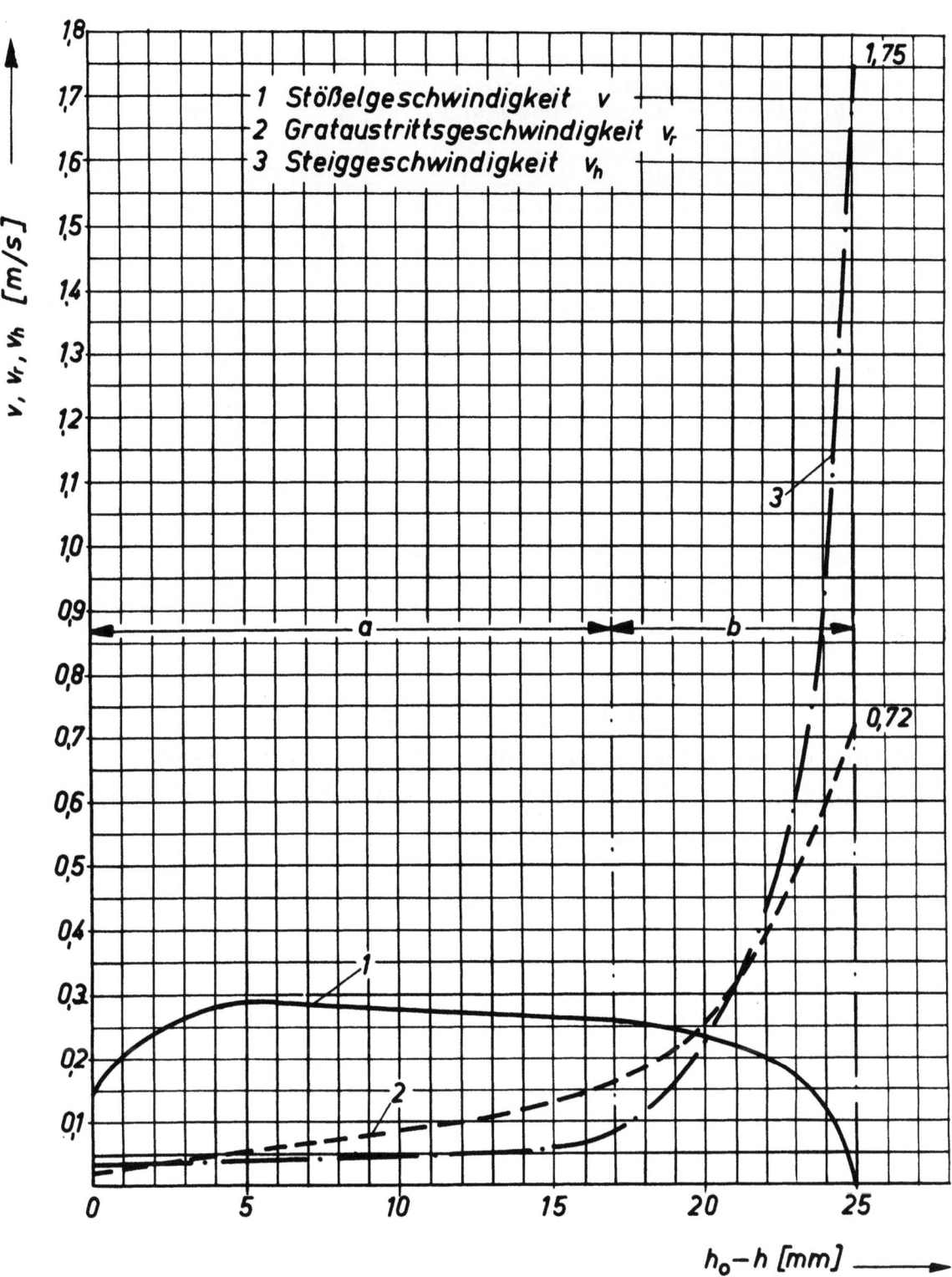

Abbildung 41

Vergleich der Stößel-, Ausbauch- bzw. Grataustritts- und Steiggeschwindigkeit beim Schmieden in der Schwungradspindelpresse

Werkstoff Ck 15; Umformtemperatur ϑ_{Sch_o} = 1100° C

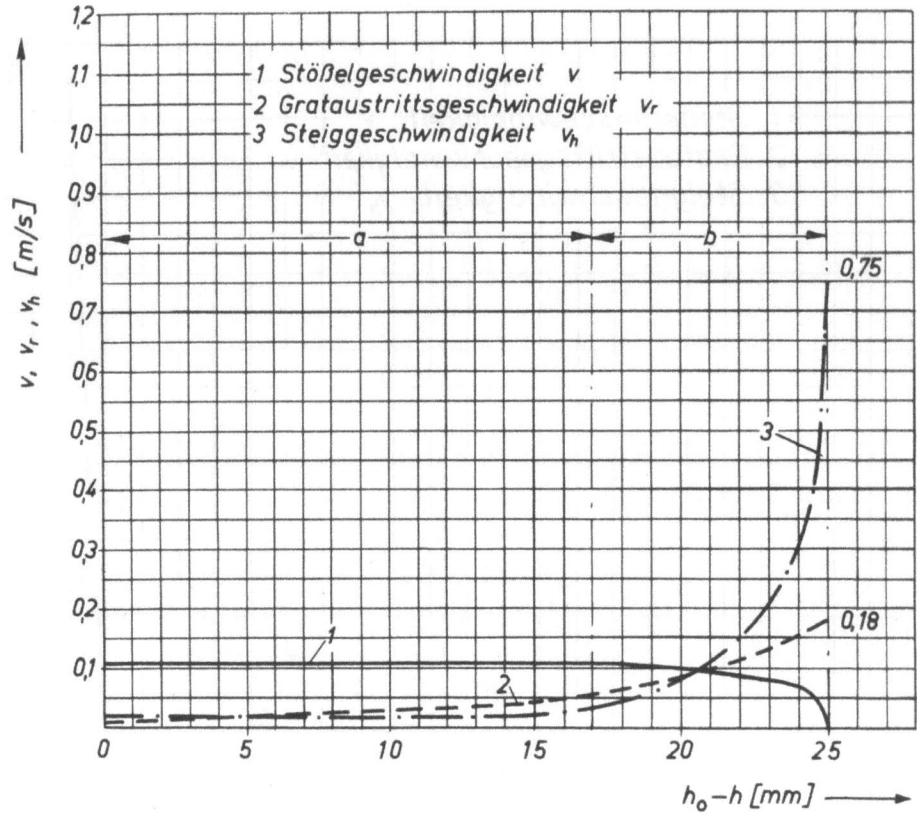

Abbildung 42

Vergleich der Stößel-, Ausbauch- bzw. Grataustritts- und Steiggeschwindigkeit beim Schmieden in der hydraulischen Versuchspresse Werkstoff Ck 15; Umformtemperatur ϑ_{Sch_o} = 1100° C

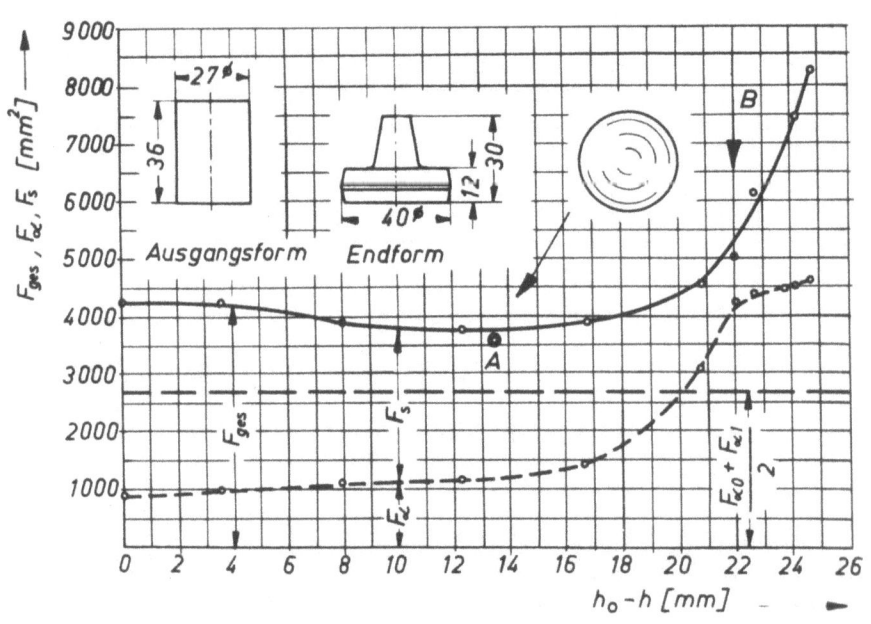

Abbildung 43

Probenoberfläche in Abhängigkeit vom Umformweg

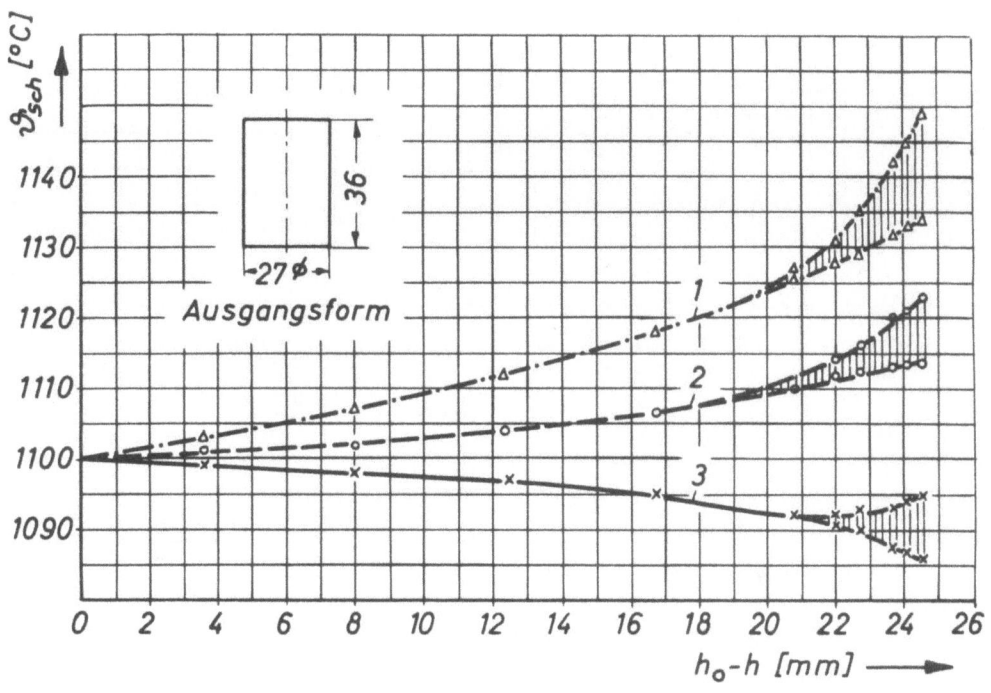

Abbildung 44

Mittlere Probentemperatur in Abhängigkeit vom Umformweg für hohe Ausgangsform

1 Riemenfallhammer
2 Schwungradspindelpresse
3 hydraulische Versuchspresse

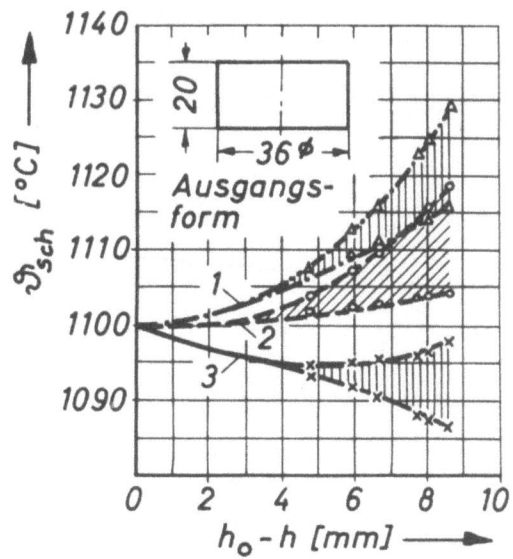

Abbildung 45

Mittlere Probentemperatur in Abhängigkeit vom Umformweg für niedrige Ausgangsform

1 Riemenfallhammer
2 Schwungradspindelpresse
3 hydraulische Versuchspresse

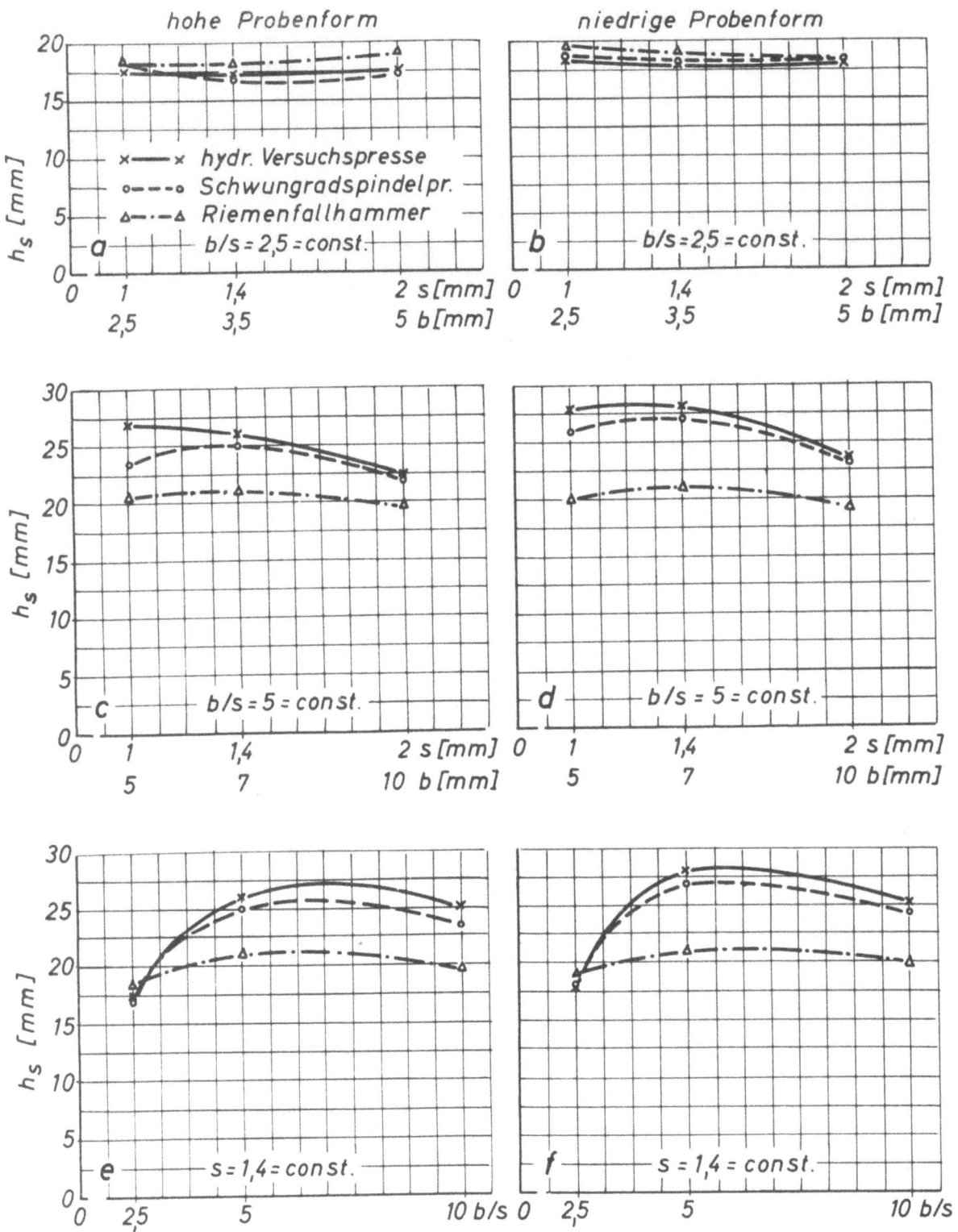

Abbildung 46

Steighöhe in Abhängigkeit von den Gratbahnabmessungen beim Schmieden im Riemenfallhammer, in der Schwungradspindelpresse und in der hydraulischen Versuchspresse

Werkstoff Ck 15; Umformtemperatur ϑ_{Sch_o} = 1100° C

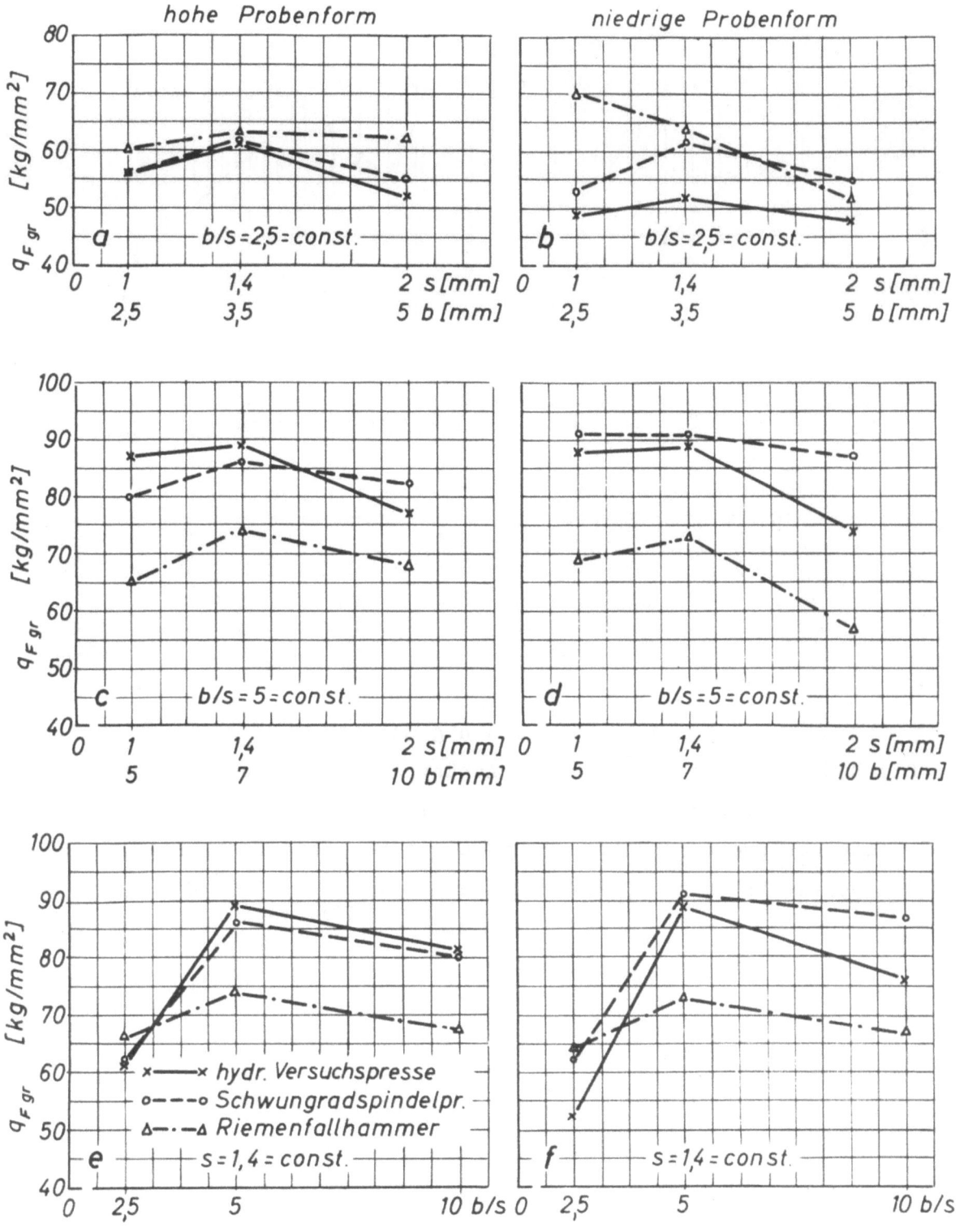

Abbildung 47

Größte Druckspannung am Flansch in Abhängigkeit von den Gratbahnabmessungen beim Schmieden im Riemenfallhammer, in der Schwungradspindelpresse und in der hydraulischen Versuchspresse

Werkstoff Ck 15; Umformtemperatur $\vartheta_{Sch_o} = 1100°$ C

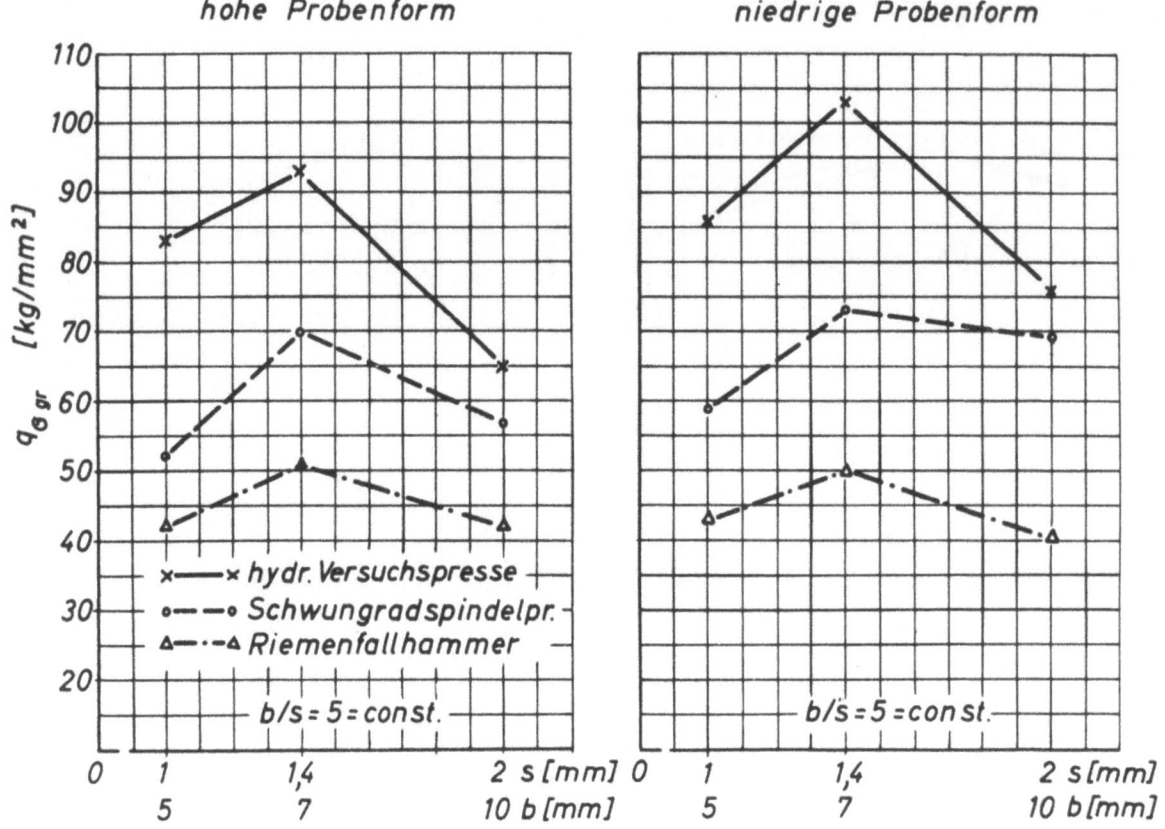

Abbildung 48

Größte Druckspannungen am Grat in Abhängigkeit von den Gratbahnabmessungen beim Schmieden im Riemenfallhammer, in der Schwungradspindelpresse und in der hydraulischen Versuchspresse

Werkstoff Ck 15; Umformtemperatur $\vartheta_{Sch_o} = 1100^\circ$ C

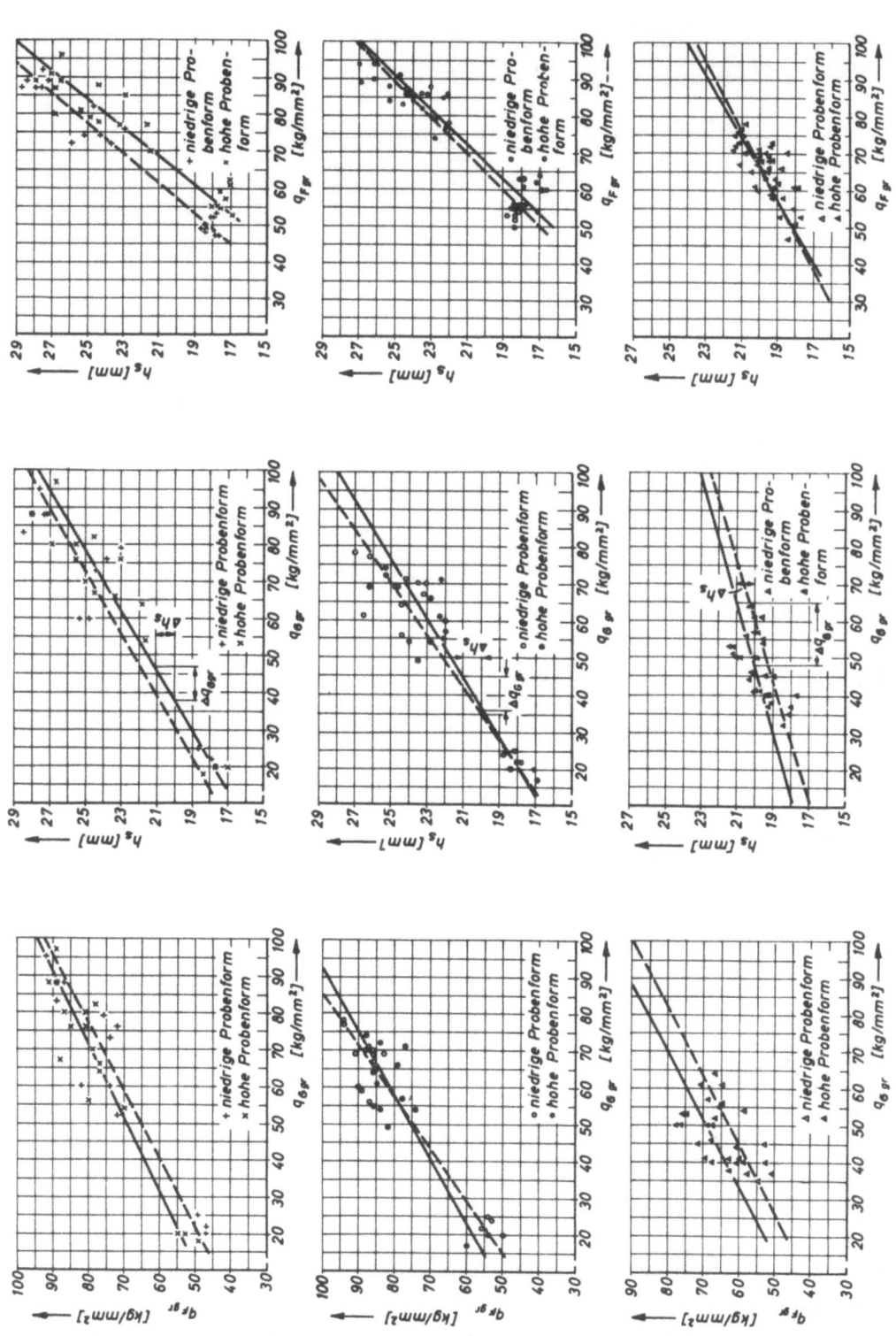

Abbildung 49

Zusammenhang zwischen q_{Ggr} und q_{Fgr} bzw. h_s sowie q_{Fgr} und h_s beim Schmieden in der hydraulischen Versuchspresse, der Schwungradspindelpresse und im Riemenfallhammer. Werkstoff Ck 15; Umformtemperatur ϑ_{Sch_o} = 1100° C

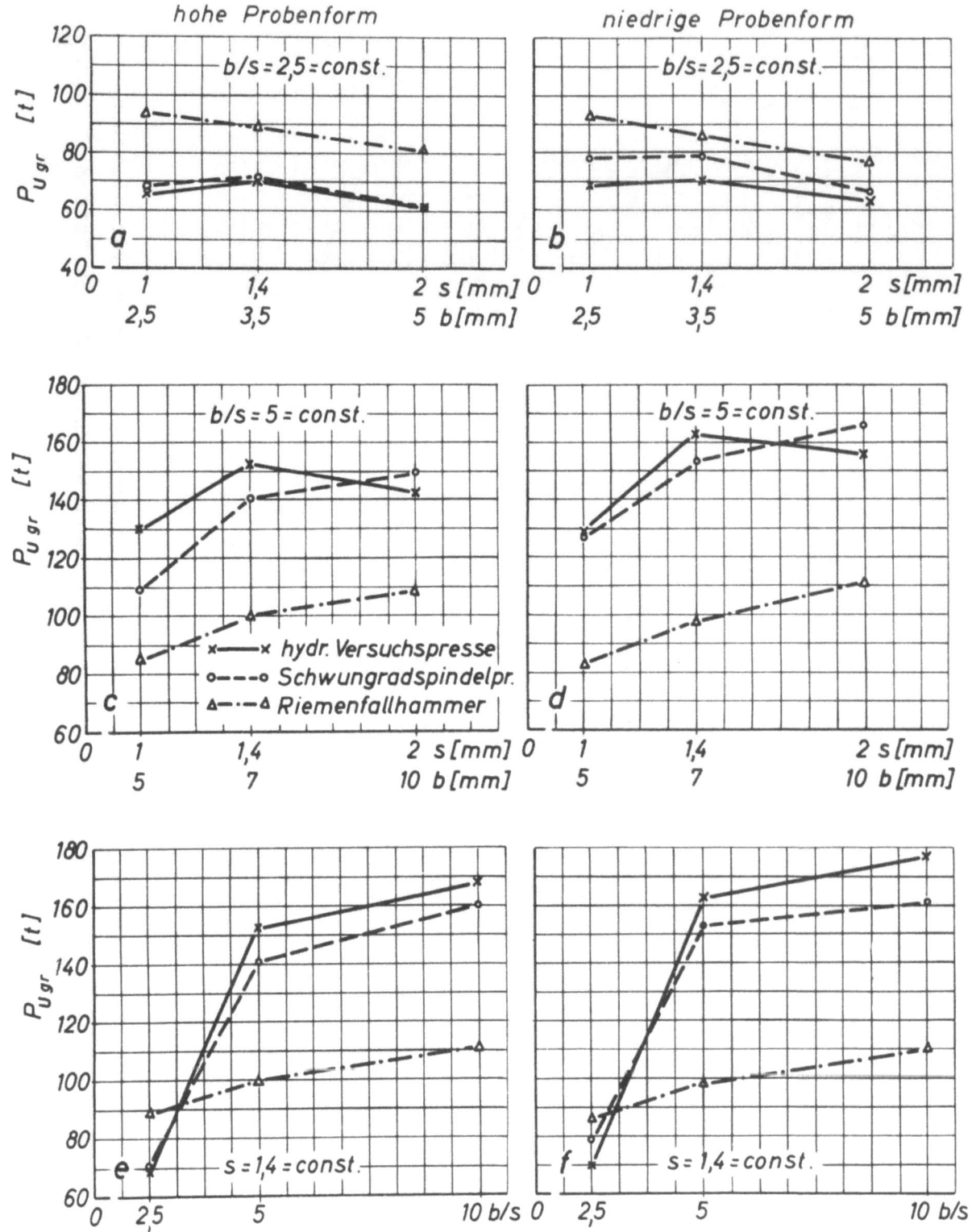

Abbildung 50

Größte Umformkraft in Abhängigkeit von den Gratbahnabmessungen beim Schmieden im Riemenfallhammer, in der Schwungradspindelpresse und in der hydraulischen Versuchspresse

Werkstoff Ck 15; Umformtemperatur ϑ_{Sch_o} = 1100° C

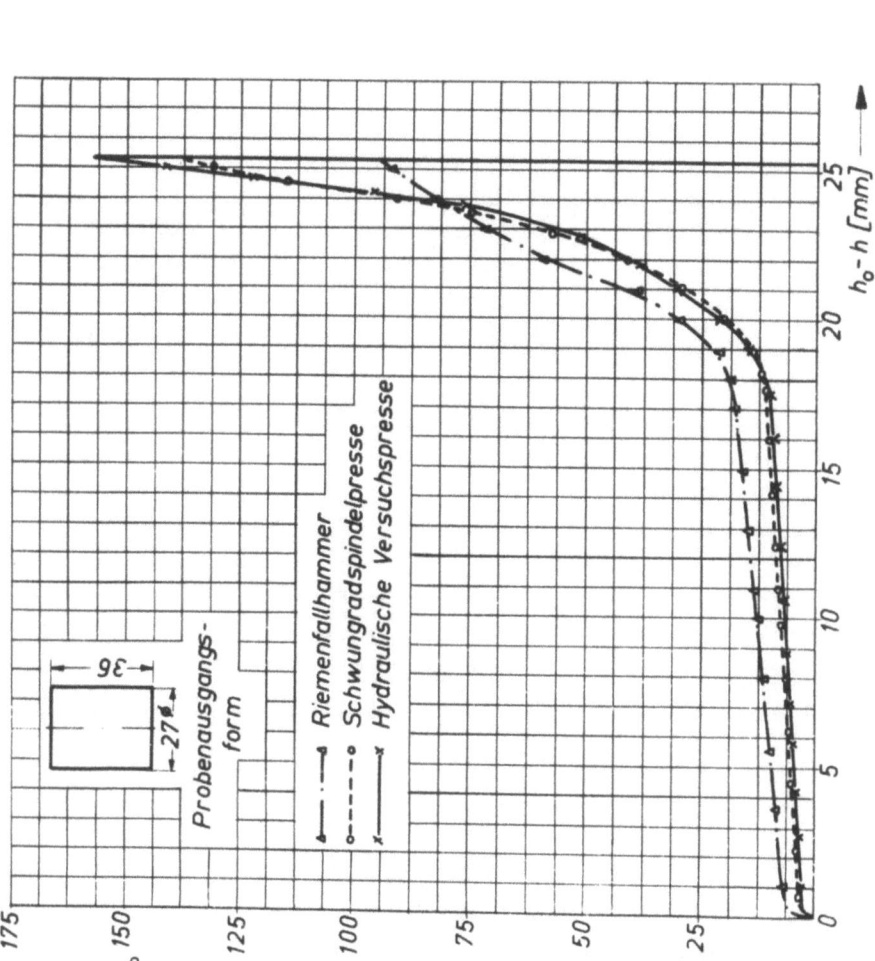

Abbildung 51

Kraft-Weg-Diagramme für hohe und niedrige Probenausgangsform beim Gesenkschmieden im Riemenfallhammer, in der Schwungradspindelpresse und in der hydraulischen Versuchspresse.
Werkstoff: Ck 15; Umformtemperatur: ϑ_{Sch_o} = 1100° C

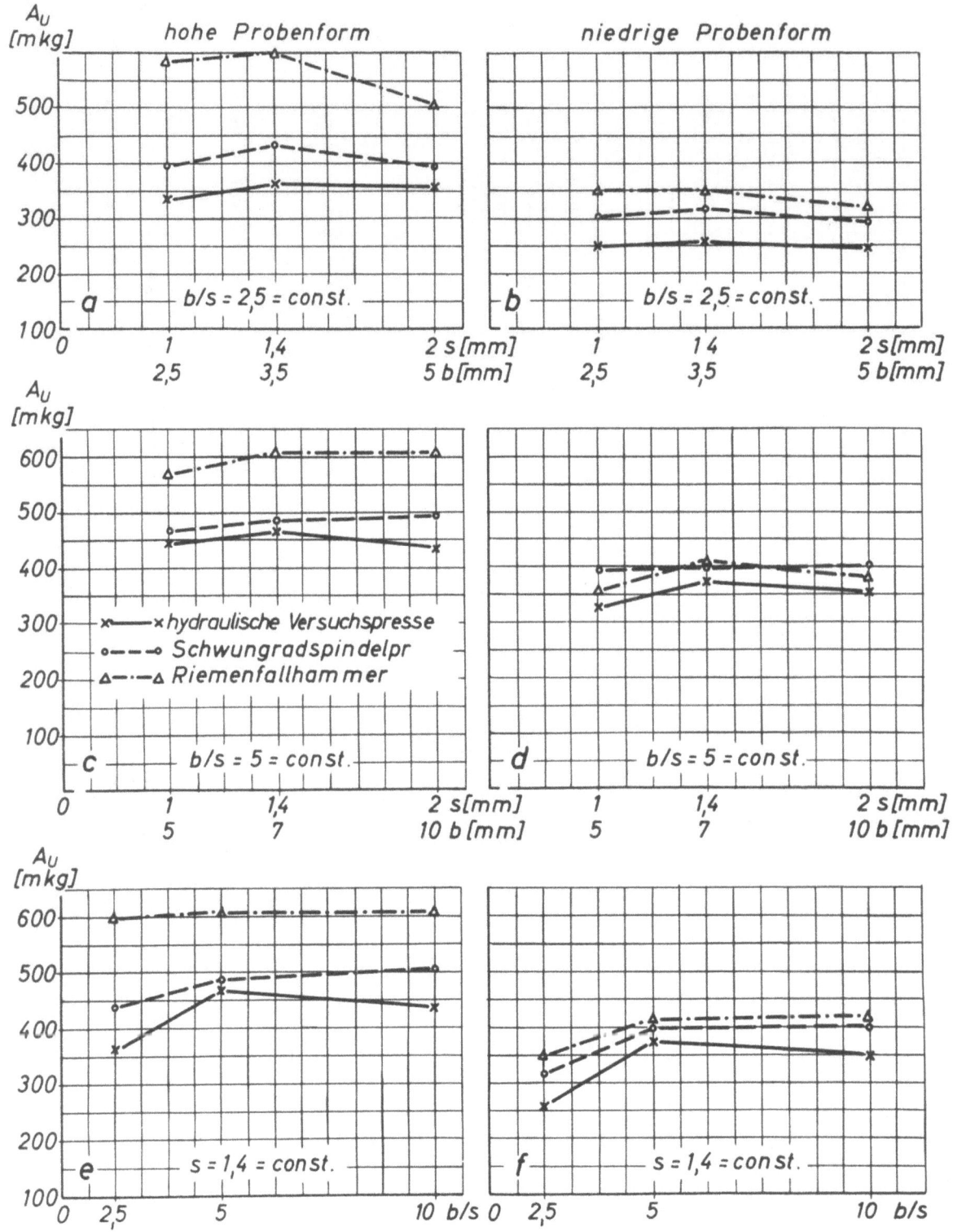

Abbildung 52

Umformarbeit in Abhängigkeit von den Gratbahnabmessungen beim Schmieden im Riemenfallhammer, in der Schwungradspindelpresse und in der hydraulischen Versuchspresse.

Werkstoff Ck 15; Umformtemperatur ϑ_{Sch_o} = 1100° C

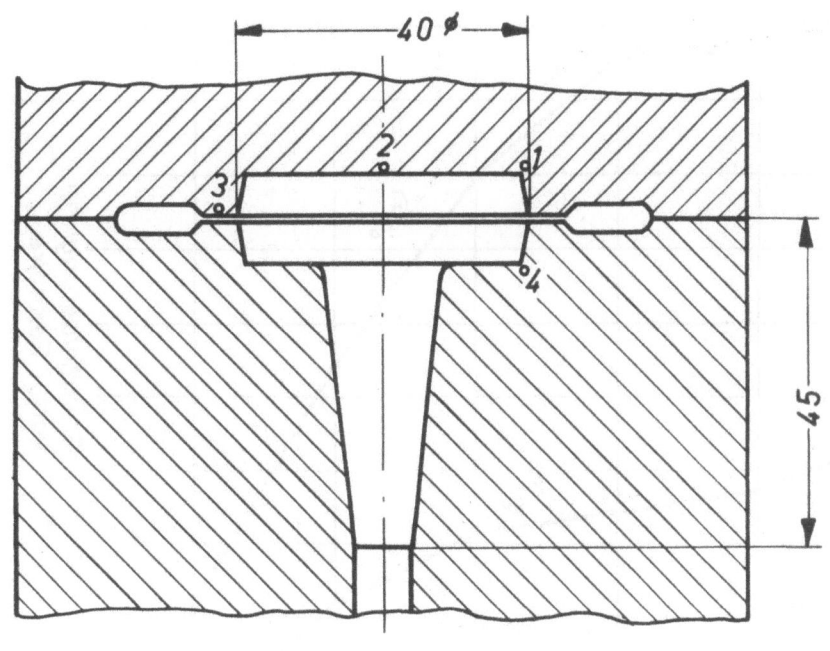

ϑ_{Sch_o} = 1 100 °C

Meßstelle	$\vartheta_{2z=0}$ [°]
1	98
2	423
3	381
4	130

Abbildung 53

Temperaturen an der Gravuroberfläche beim Schmieden von Ck 15 in einer Schwungradspindelpresse

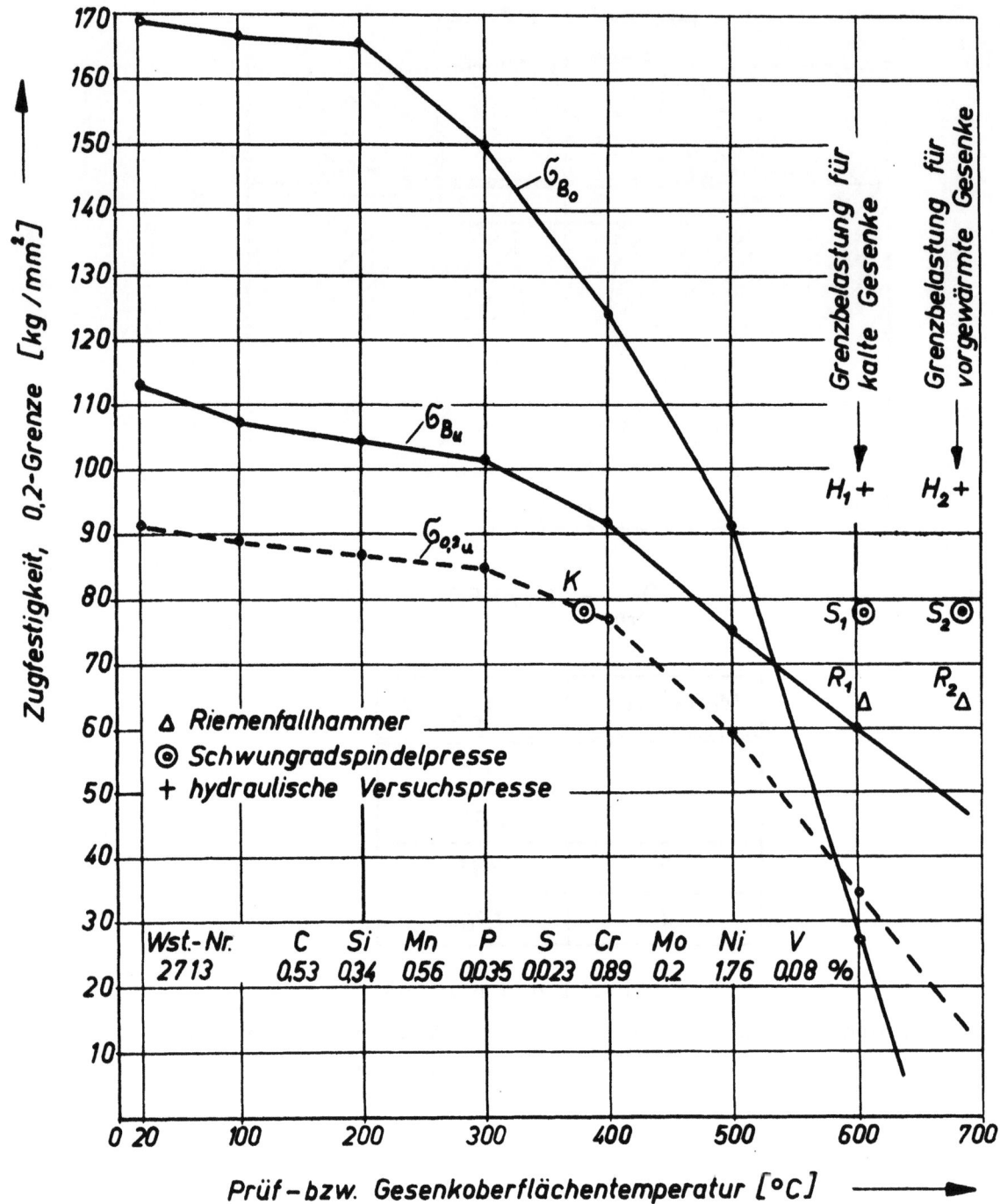

Abbildung 54

Warmfestigkeit eines Gesenkstahles (Wst.-Nr. 2713) nach verschiedener Wärmebehandlung[7)]

Wärmebehandlung der hoch vergüteten Proben:

0,25 Std. -870° C/Öl
1 Std. -410° C/Luft

Wärmebehandlung der niedrig vergüteten Proben:

1 Std. -870° C/Öl
1 Std. -580° C/Luft

---

7. Die obere Kurve wurde im Institut für Werkstoffkunde der Technischen Hochschule Hannover ermittelt; die unteren Kurven wurden von der Bochumer Verein für Gußstahlfabrikation AG. zur Verfügung gestellt

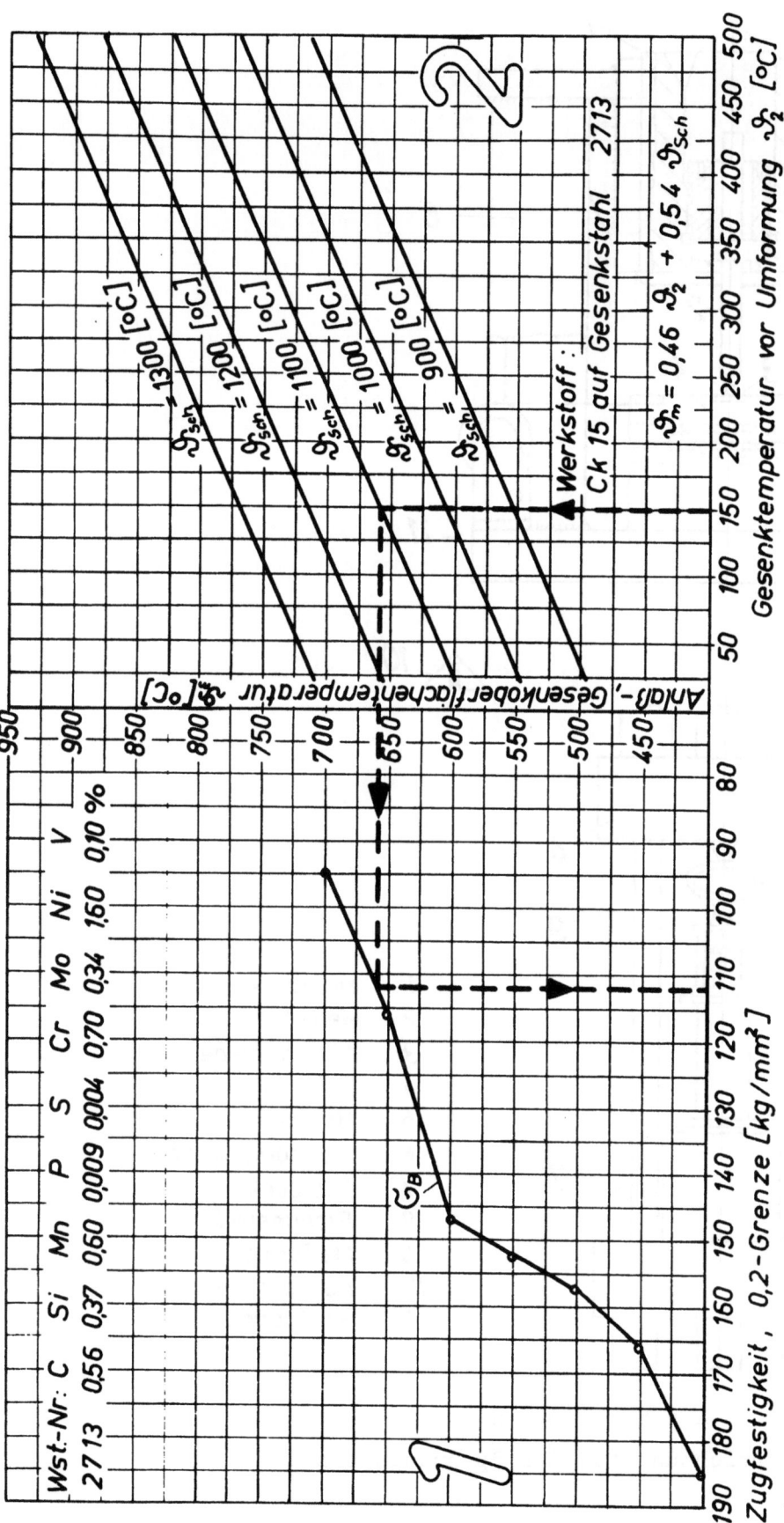

Abbildung 55

Anlaßwirkung der Gesenkoberflächentemperatur auf den Gesenkstahl. (Wst.-Nr.: 2713)

Feld 1: Anlaßschaubild des Gesenkstahles (Wst.-Nr. 2713)[8])

Feld 2: Zusammenhang zwischen Gesenktemperatur vor der Umformung, Schmiedestücktemperatur und Gesenkoberflächentemperatur

8. Von der Bochumer Verein für Gußstahlfabrikation AG. zur Verfügung gestellt

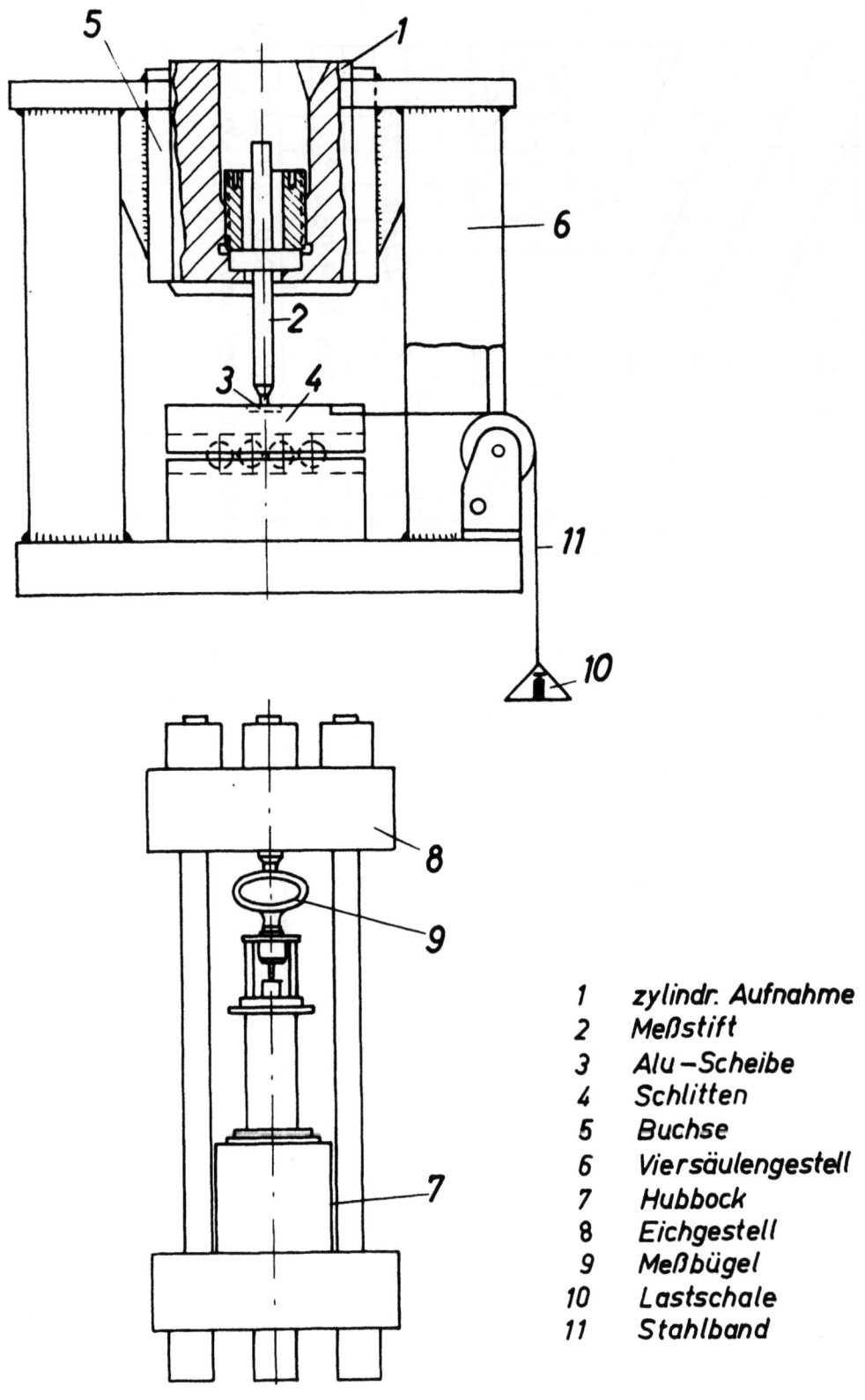

Abbildung 56
Eichvorrichtung für den Spannungsmeßstift

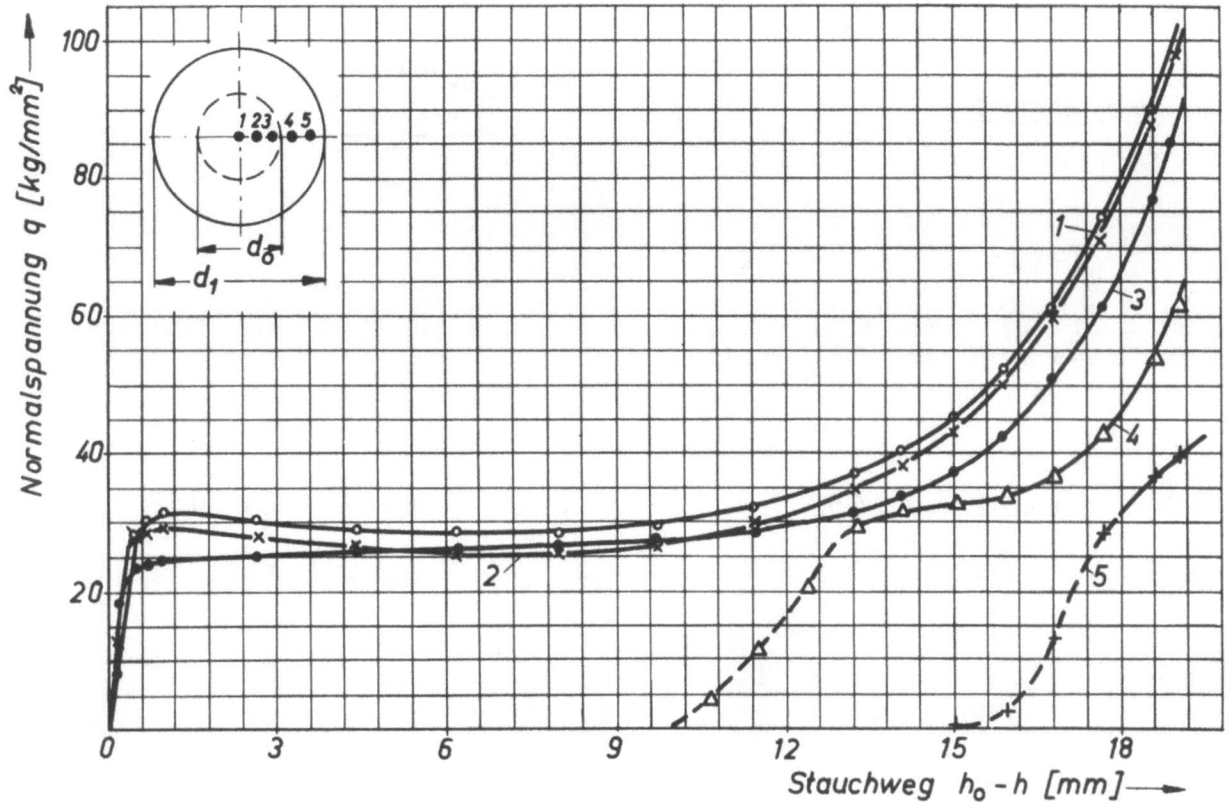

Abbildung 57

Normalspannungsverlauf in Abhängigkeit vom Stauchweg h_o-h an den Meßstellen 1 bis 5.

Werkstoff: Pantal 19 (Al Mg Si); Temperatur: 20° C

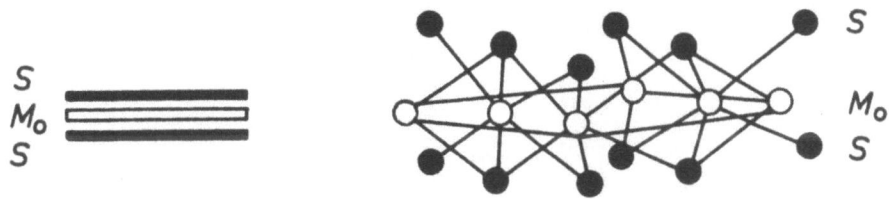

Abbildung 58

Molekülgefüge von Molybdän-Disulfid

Ungeschmiert	_Mit Paste "Molykote G"_ _geschmiert_
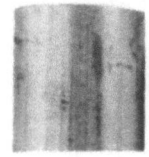  	  
$\varepsilon = 0$ $\varepsilon = 0{,}12$ $\varepsilon = 0{,}52$	$\varepsilon = 0$ $\varepsilon = 0{,}12$ $\varepsilon = 0{,}52$

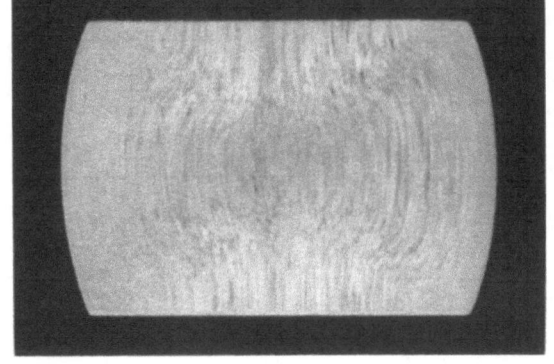 

$h_0 = 42\,mm;\ h = 37\,mm;\ \varepsilon = 0{,}12$ $h_0 = 42\,mm;\ h = 37\,mm;\ \varepsilon = 0{,}12$

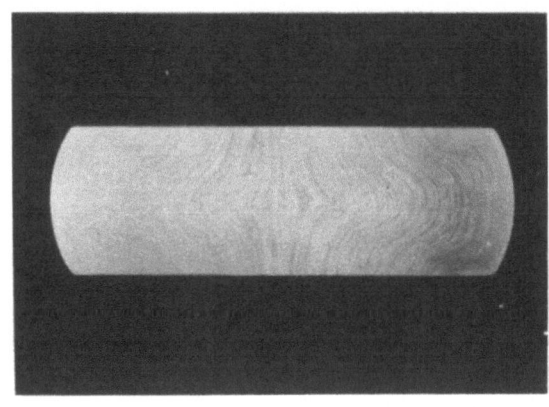 

$h_0 = 42\,mm;\ h_1 = 20\,mm;\ \varepsilon = 0{,}52$ $h_0 = 42\,mm;\ h_1 = 20\,mm;\ \varepsilon = 0{,}52$

Abbildung 59

Ansicht und Schliffbilder von Proben aus Pantal 19; mit und ohne Schmiermittel in einer hydraulischen Presse zwischen gehärteten und geschliffenen, ebenen, parallelen Bahnen ($R = 1\,\mu$) mit einer Formänderungsgeschwindigkeit von $\dot{\varphi}_m = 0{,}05\ s^{-1}$ gestaucht.
Temperatur: 20° C

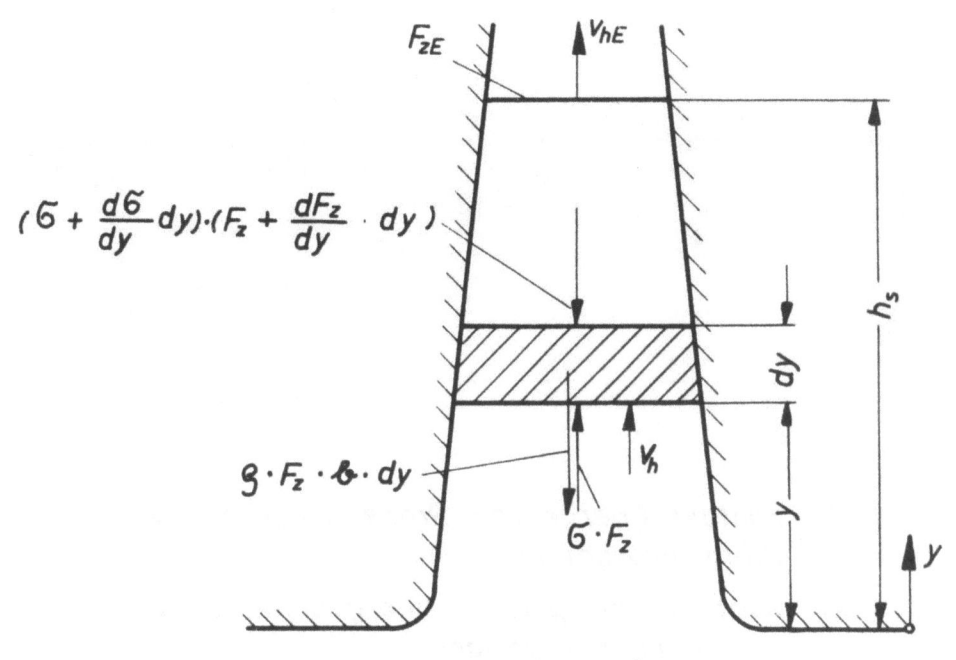

Abbildung 60

Kräftegleichgewicht an einem Streifen

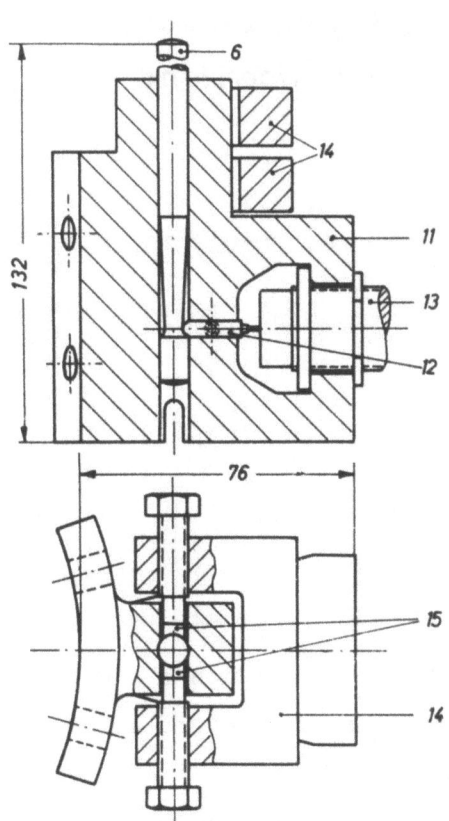

Abbildung 61

Der Weggeber

6 Kegelstift, 11 Gehäuse, 12 Messingstift
13 induktiver Verlagerungsgeber (Philips),
14 Bremsbügel, 15 Messingschuhe

a)

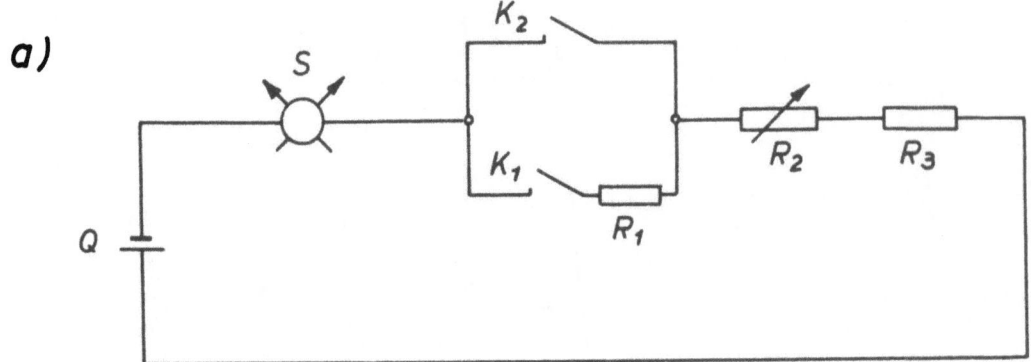

K_1 Kontakt Obergesenk-Probe, Beginn des Umformvorganges

K_2 Kontakt Obergesenk-Untergesenk, Ende des Umformvorganges

S   Schleifenschwinger 3740 Hz

Q   Stromquelle 1,2 V

R_1 = 200 Ω Vorwiderstand

R_2 = 0....1 kΩ Regelwiderstand

R_3 = 200 Ω Schutzwiderstand

b)

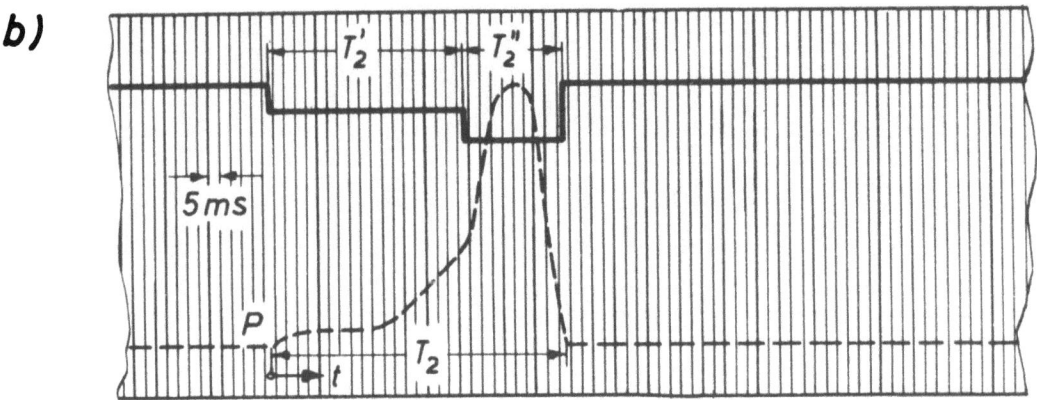

Abbildung 62
Messen der Druckberührzeit
a) Schaltschema
b) Oszillogramm von einer Schwungradspindelpresse

8. Anhang

Anhang 1

Die Eichvorrichtungen für den Spannungsmeßstift und die Kraftmeßdose

Die Vorrichtung zum Eichen des Meßstifts 2 zeigt Abbildung 56. Er wird in einer zylindrischen Aufnahme 1 unter den gleichen Bedingungen wie in der oberen Stauchbahn gespannt. Mit seinem zylindrischen Ansatz stützt er sich auf den auf Kugeln verfahrbaren Schlitten 4, in dessen Oberfläche eine Aluminiumscheibe 3 eingesetzt ist, damit der Meßstift bei der Belastung nicht beschädigt wird. Die zylindrische Aufnahme 1 wird in der Buchse 5 eines Viersäulengestells 6 geführt und dieses wird auf den Hubbock 7 eines Eichgestells 8 gesetzt. Als Eichlast für die Erzeugung der Normalspannung q dient die Federkraft eines Meßbügels 9 - Bauart Wazau, Höchstlast 1 t -, der auf die zylindrische Aufnahme 1 gesetzt und mit dem Hubbock 7 zusammengedrückt wird. Das Eichen geschieht derart, daß zunächst stufenweise mit dem Meßbügel 9 bis auf Höchstlast belastet wird. Dabei drückt sich der Meßstift 2 leicht in die Aluminiumscheibe 3 ein. Nun erfolgt eine stufenweise Belastung mit Gewichtsstücken, die auf die Lastschale 10 aufgesetzt werden und über ein Stahlband 11 den Schlitten 4 unter dem Meßstift fortziehen und ihn daher auf Biegung beanspruchen. Dadurch wird der Spannungszustand im Meßstift erzeugt, der sich einstellt, wenn der Stift in die obere Stauchbahn eingebaut ist und durch Schubspannungen auf Biegung beansprucht wird. Diese Eichung wird für beide zueinander senkrechten Richtungen durchgeführt.

Bei den anschließenden Stauchversuchen ergab sich, daß sich die Schubspannungen mit dieser Vorrichtung nicht messen ließen. Die Oberflächenaufnahme einer Probe aus einer Al-Cu-Mg-Legierung im Gebiete des Meßstifts zeigte, daß sich in dem Ringspalt zwischen Meßstift und Stauchbahn ein 100 μ breiter und 10 μ hoher Grat gebildet hatte. Dieser behinderte den Meßstift bei der freien Biegung.

Beim Schmieden von Stahlproben ließ sich außerdem eine Zwischenschicht aus dünnem Zunder nicht vermeiden. Beim Stauchen wurde sie gedehnt, platzte ab und änderte damit augenblicklich die Reibverhältnisse an der Oberfläche. Die Meßwerte waren nicht wiederholbar.

In den folgenden Untersuchungen wurde der Meßstift deshalb nur zur Messung der Druckspannung verwendet. Der Ringspalt wurde auf 0,05 mm verengt.

Die Kraftmeßdose wurde in dem gleichen Eichgestell ebenfalls mittels eines Meßbügels - Bauart Wazau, Höchstlast 200 t - stufenweise von 5 zu 5 t aufwärts bis 50 t geeicht.

Anhang 2

Daten der benutzten Umformmaschinen

1) Hydraulische Versuchspresse

    Baujahr: 1952
    Hersteller: Becker und van Hüllen
    Aufspannfläche: 400 x 400 [mm]
    Hub: 315 [mm]
    Betriebsdruck: 200 [atü]
    Größte Preßkraft: 250 [t]
    Arbeitsvermögen: 80 000 [mkg]
    Rückzugskraft: 20 [t]
    Größte Stößelgeschwindigkeit: ~ 0,5 [m/s],
        gefahren mit 0,1 [m/s]
    Gewicht: 10,2 [t]

2) Schwungradspindelpresse

    Baujahr: 1952
    Hersteller: Maschinenfabrik Weingarten AG
    Tischgröße: 560 x 600 [mm]
    Hub: 120 bis 350 [mm]
    Größte Preßkraft: 180 [t]
    Arbeitsvermögen mit Zusatzring: 1100 [mkg][6]
    Arbeitsvermögen ohne Zusatzring: 800 [mkg]
    Größte Stößelgeschwindigkeit: ~ 0,4 [m/s],
        gefahren mit 0,29 [m/s]
    Gewicht: 7 [t]

3) Riemenfallhammer

    Baujahr: 1950
    Hersteller: Gebr. Edelhoff
    Größte Fallhöhe: 2,5 [m]

---

6. In den Versuchen wurde mit Zusatzring gefahren

Bärgewicht: 315 [kg]

Größtes Arbeitsvermögen: 1000 [mkg]

Größte Bärgeschwindigkeit: ~ 6,3 [m/s]

Fundament: federnd aufgehängt

Anhang 3

1. Versuchsbedingungen bei der Messung der Normalspannungsverteilung für d/h > 1

Es wurde die bereits unter 3.11 beschriebene Versuchseinrichtung benutzt. Als Umformmaschine diente die im Anhang 2 näher bezeichnete hydraulische Versuchspresse. Der Hub des Steuerschiebers war so eingestellt, daß die Stößelgeschwindigkeit v = 0,053 [m/s] betrug. Der Probenwerkstoff war Pantal 19 (Al Mg Si), für den vom Hersteller folgende Richtanalyse angegeben wird:

Al	Mg	Si	Mn	
95,9 ... 98,5	0,6 ... 1,4	0,6 ... 1,2	0,3 ... 1,5	[%]

Das Verhältnis von Ausgangsdurchmesser zu Ausgangshöhe war $d_o/h_o = 1$ bei d_o = 25 [mm]. Die Proben wurden ohne Schmiermittel von h_o = 25 [mm] bis auf h_1 = 6 [mm] entsprechend φ_{01} = 1,43 gestaucht. Den dabei ermittelten Normalspannungsverlauf in Abhängigkeit vom Stauchweg an den Meßstellen 1 bis 5 zeigt Abbildung 57.

2. Versuch zur Bestimmung der Formänderungsfestigkeit k_f in Abhängigkeit vom Formänderungsverhältnis φ für Pantal 19 (Al Mg Si)

Zur Bestimmung der Kaltfließkurve eines Werkstoffs durch den Druckversuch ist seit 1927 das von SIEBEL und POMP [17] entwickelte Kegelstauchverfahren bekannt. Das Verfahren hat viele gute Ergebnisse geliefert; es hat jedoch den Nachteil, daß das Formänderungsverhältnis φ über die Preßfläche nicht gleich ist, weil sich die Probenausgangshöhe zur Mitte hin entsprechend der Neigung der Kegelflächen verringert.

Heute stehen uns Schmiermittel auf Graphit- oder Molybdändisulfid-Grundlage zur Verfügung, die selbst unter den hohen Umformdrücken eine nahezu vollkommene Schmierung aufrecht erhalten. Von einigen wurde zunächst in Vorversuchen die Schmierfähigkeit bestimmt und die zweckmäßigste Oberflächenrauheit der Probenstirnfläche ermittelt. Die Versuche ergaben, daß beste Ergebnisse mit der Paste "Molykote G" bei einer Oberflächenrauheit der Probe von R = 9 µ zwischen gehärteten und geschliffenen Bahnen (R = 1 µ) zu erwarten sind.

Bei diesem Schmiermittel übernehmen feste Stoffe die Schmierwirkung. Man spricht daher von einem sogenannten Trockenschmiermittel. "Molykote G" besteht aus paraffinischem Mineralöl, dem in bestimmter Menge kolloidales Molybdändisulfid (MoS_2) beigemengt ist. Die Schmierwirkung ist in dem kristallinen Aufbau von MoS_2 begründet, der schichtgitterartig angeordnet ist. Das Molekülgefüge weist somit eine Lamellenstruktur auf, wie sie in Abbildung 58 schematisch dargestellt ist. Diese Struktur ermöglicht bei Scherbeanspruchung sehr leicht ein lamellares Gleiten von ganzen Molekülverbänden, da die Bindung zwischen den S-Schichten, die die Elementarlamellen zusammenhalten, im Vergleich zur Mo-S-Bindung nur sehr schwach ist. Wegen der hohen atomaren Haftkräfte zwischen den S-Schichten und dem Metall haftet der Schmierfilm besonders fest auf der Oberfläche.

Infolge dieses Schmiermittels behalten die Proben beim Stauchen ihre zylindrische Form, während sie beim schmiermittelfreien Stauchen tonnenförmig werden. Abbildung 59 zeigt ungeschmiert und geschmiert gestauchte Proben aus Pantal 19 in verschiedener Abstufung. Die darunter gezeigten Schliffbilder lassen bei der ungeschmiert gestauchten Probe deutlich die durch die Preßflächenreibung hervorgerufenen Gebiete behinderter Umformung erkennen. Man sieht, daß die Preßflächen bei fortschreitender Umformung durch Abwälzen von Werkstoff vergrößert wurden. Die Schliffbilder der geschmiert gestauchten Proben zeigen parallelen Faserverlauf. Hier ist die Vergrößerung der Preßflächen durch seitliches Gleiten des Werkstoffs erfolgt.

Die Versuche zur Ermittlung der Fließkurve wurden mit der unter 3.11 beschriebenen Versuchsanordnung durchgeführt. Die Stauchkraft P_U wurde mit dem unter der unteren Stauchbahn angeordneten Kraftgeber gemessen und vom Schleifenoszillographen aufgeschrieben. Der Augenblickswert der Querschnittsfläche ergibt sich aus folgender Beziehung:

$$F = \frac{h_o}{h} \cdot F_o$$

F_o, h_o Ausgangsfläche bzw. -höhe der Probe
F, h Augenblicksfläche bzw. -höhe der Probe.

Um die Änderung der Querschnittsfläche bestimmen zu können, genügt es also, den Stauchweg aufzuschreiben. Das wurde, wie bereits unter 3.11

beschrieben, mit einem Präzisions-Schleifdrahtgeber ausgeführt. Die Formänderungsfestigkeit k_f ergibt sich zu

$$k_f = \frac{P_U}{F},$$

wobei P_U und F Augenblickswerte sind. Abbildung 26 zeigt die so gewonnene Fließkurve (s. auch Abschnitt 3.2, S. 32).

Da sich in den Vorversuchen gezeigt hatte, daß die Probe um so besser zylindrisch bleibt, je langsamer sie gestaucht wird, wurden die Versuche zur Bestimmung der Fließkurve mit kleinerer Formänderungsgeschwindigkeit ($\dot{\varphi}_m = 0{,}05 \; [s^{-1}]$) ausgeführt als die Versuche zur Ermittlung des Normalspannungsverlaufs ($\dot{\varphi}_m = 0{,}4 \; [s^{-1}]$). Dieser Unterschied in der Formänderungsgeschwindigkeit wirkt sich auf das Ergebnis nicht aus, weil die Formänderungsfestigkeit bei der Kaltumformung nahezu unabhängig von der Formänderungsgeschwindigkeit ist.

Anhang 4

Abschätzen der durch die Massenkräfte beim Schmieden im Riemenfallhammer hervorgerufenen Spannung

Will man die Wirkung der beim Schmieden auftretenden Massenkräfte untersuchen, so muß man zwei Zeitabschnitte betrachten, nämlich erstens den, der mit dem Auftreffen des Obergesenks auf die Probe eingeleitet wird und in dem die oberste Schicht der Probe auf die Werkzeuggeschwindigkeit beschleunigt wird, und zweitens den, in dem mit beginnender Gratbildung das Steigen des Werkstoffes vor sich geht. Wir betrachten die beiden Zeitabschnitte gesondert.

1. Zeitabschnitt

Beim Auftreffen des Obergesenks tritt ohne Frage die größte Beschleunigung während des gesamten Umformvorgangs auf. In sehr kurzer Zeit, die nicht gemessen werden konnte, wird der Werkstoff von 0 auf 6,3 m/s beschleunigt. Da die Zeit für diese Geschwindigkeitsänderung unbekannt ist, ist es auch nicht möglich, Angaben über die Größe der Beschleunigung zu machen. Weiterhin kommt erschwerend hinzu, daß man nicht weiß, welcher Anteil der gesamten Probenmasse an dieser Beschleunigung teilnimmt. Die Voraussetzungen für eine Berechnung der Massenkräfte sind also nicht gegeben.

Für die Beurteilung der Wirkung der Massenkräfte liefern aber die Stufenstauchversuche (s. Anhang 7, S. 134) ein eindeutiges Ergebnis. Wir betrachten in Abbildung 37 die erste und die dritte Reihe. In der ersten Reihe sind die Augenblicksformen beim Umformen in der hydraulischen Versuchspresse, in der dritten Reihe die Augenblicksformen beim Umformen im Riemenfallhammer abgebildet. Bis zur Gratbildung gleichen sich die Augenblicksformen in beiden Reihen vollständig. M.a.W.: Massenkräfte beeinflussen den Umformvorgang im vorliegenden Falle nicht, denn sonst müßten die verglichenen Augenblicksformen voneinander abweichen.

2. Zeitabschnitt

Wir betrachten den Werkstoff in der kegeligen Bohrung des Gesenks. Unter der Voraussetzung reibungsfreier Umformung und Ebenbleibens der Querschnitte gilt für das Kräftegleichgewicht an einem Streifen des Zapfens von der Dicke dy nach Abbildung 60:

$$- \sigma \cdot F_Z + (\sigma + \frac{d\sigma}{dy} \cdot dy)(F_Z + \frac{dF_Z}{dy} \cdot dy) + \varrho \, F_Z \cdot b \cdot dy = 0$$

$$F_Z \cdot \frac{d\sigma}{dy} \cdot dy + \sigma \cdot \frac{dF_Z}{dy} \cdot dy + \varrho \cdot F_Z \cdot b \cdot dy = 0$$

$$d(\frac{\sigma \cdot F_Z}{dy}) + \varrho \cdot F_Z \cdot b = 0 \tag{14}$$

Durch Integration ergibt sich:

$$[\sigma \cdot F_Z] \int_y^{y=h_s} = \int_y^{y=h_s} \varrho \cdot F_Z \cdot b \cdot dy$$

Weil an der Stelle $y = h_s$ $\sigma = 0$ ist, folgt:

$$- \sigma \cdot F_Z = \varrho \cdot \int_y^{y=h_s} F_Z(y) \cdot b(y) \cdot dy \tag{15}$$

Aus Kontinuitätsgründen gilt für das Ende des Zapfens und eine beliebige Stelle y:

$$F_Z \cdot v_h = F_{ZE} \cdot v_{hE}$$

$$v_h = \frac{F_{ZE}}{F_Z} \cdot v_{hE} = \phi(y, t)$$

Weiterhin gilt für die Beschleunigung an einer beliebigen Stelle im Zapfen:

$$b = \frac{\partial v_h}{\partial t} + v_h \frac{\partial v_h}{\partial y}$$

$$= \frac{\partial}{\partial t}\left(\frac{F_{ZE}}{F_Z} \cdot v_{hE}\right) + v_h \cdot \frac{\partial}{\partial y}\left(\frac{F_{ZE}}{F_Z} \cdot v_{hE}\right)$$

$$= \frac{F_{ZE}}{F_Z} \cdot \frac{\partial v_{hE}}{\partial t} + v_h \cdot F_{ZE} \cdot v_{hE} \frac{\partial}{\partial y}\left(\frac{1}{F_Z}\right)$$

$$= \frac{F_{ZE}}{F_Z} \cdot b_E - v_h \cdot F_{ZE} \cdot v_{hE} \cdot \frac{1}{F_Z^2} \cdot \frac{dF_Z}{dy}$$

Darin ist b_E die Beschleunigung an der Stelle h_s und $v_h = \frac{F_{ZE}}{F_Z} \cdot v_{hE}$.

$$b = \frac{F_{ZE}}{F_Z}\left(b_E - \frac{F_{ZE} \cdot v_{hE}^2}{F_Z^2} \cdot \frac{dF_Z}{dy}\right) \tag{16}$$

Durch Einsetzen von Gleichung (16) in Gleichung (15) ergibt sich:

$$-\sigma \cdot F_Z = \varrho \cdot F_{ZE} \int_y^{y=h_s}\left(b_E - \frac{F_{ZE}}{F_Z^2} \cdot v_{hE}^2 \cdot \frac{dF_Z}{dy}\right) dy$$

$$-\sigma \cdot F_Z = \varrho \cdot F_{ZE} \cdot b_E(h_s - y) - \varrho \cdot F_{ZE}^2 \cdot v_{hE}^2 \int_{F_Z}^{F_{ZE}} \frac{dF_Z}{F_Z^2}$$

$$-\sigma \cdot F_Z = \varrho \cdot F_{ZE} \cdot b_E(h_s - y) + \varrho \cdot F_{ZE}^2 \cdot v_{hE}^2 \left(\frac{1}{F_{ZE}} - \frac{1}{F_Z}\right) \tag{17}$$

Die durch die Massenkräfte hervorgerufene Spannung σ ist an der Stelle $y = 0$ am größten. Aus der Geometrie des Werkzeugs und den Ergebnissen des Stufenstauchversuchs (Abb. 39, Feld 2) ergeben sich folgende Werte:

$$F_Z = 201{,}062 \text{ mm}^2$$
$$F_{ZE} = 125{,}4 \text{ mm}^2$$

$$h_s = 16,8 \text{ mm}$$
$$v_{hE} = 12,5 \cdot 10^3 \text{ mm/s}$$
$$b_E = 7 \cdot 10^6 \text{ mm/s}^2$$

Damit folgt für Gleichung (17) und $g = 0,8 \cdot 10^{-9}$ kg s^2/mm^4

$$-\sigma \cdot 201,062 = 0,8 \cdot 10^{-9} \cdot 125,4 \cdot 7 \cdot 10^6 \cdot 16,8 + 0,8 \cdot 10^{-9}$$
$$\cdot 15725,16 \cdot 156,25 \cdot 10^6 (0,008 - 0,005)$$
$$= 11797,632 \cdot 10^{-3} + 5896,934 \cdot 10^{-3}$$
$$= 17694,566 \cdot 10^{-3}$$
$$-\sigma = \frac{17,70}{201,06}$$
$$-\sigma = 0,088 \text{ [kg/mm}^2\text{]}$$

Die durch die Massenkräfte hervorgerufene Spannung σ ist zwei Größenordnungen kleiner als der Formänderungswiderstand des Werkstoffs. Die Massenkräfte beeinflussen das Steigen somit auch im zweiten Zeitabschnitt nicht.

Anhang 5

Die Vorrichtung zum Messen des Umformwegs

Besondere Schwierigkeiten bereitete die Wegmessung im Riemenfallhammer. Der bei den Stauchversuchen in der hydraulischen Presse verwendete Präzisionsschleifdrahtgeber wurde beim Aufschlagen des Bärs auf die Gebernadel derart in Schwingungen versetzt, daß kein einwandfreier Kontakt zwischen Schleifer und Schleifdraht vorhanden war. Nach einer Reihe von Vorversuchen wurde schließlich die in Abbildung 61 im Schnitt dargestellte Meßanordnung entwickelt, mit der es gelang, den Weg einwandfrei aufzuzeichnen.

Hauptbestandteil der Vorrichtung ist ein induktiver Verlagerungsgeber (Bauart Philips). Da er nur einen Meßbereich von 2 mm hat, der Umformweg bei der hohen Probe aber 24 mm beträgt, mußte eine Übersetzung zwischen Obergesenk und Geber eingeschaltet werden. Diese wirkt wie folgt: Kurz vor Beginn der Umformung nimmt das Obergesenk einen Stift 6 aus gehärtetem Stahl mit, der an seinem unteren Ende mit einem Kegel versehen ist und die Bewegung des Obergesenks in die Verschiebung eines senkrecht zu ihm gelagerten Messingstifts 12 übersetzt. Dieser ist mit dem Eisenkern des induktiven Verlagerungsgebers 13 verschraubt, der Glied einer Wheatstone'schen Brückenschaltung ist. Die Änderung seiner Induktivität infolge Verschiebung des Kerns bewirkt einen zum Weg proportionalen Ausschlag der Oszillographenschleife. Um zu verhindern, daß Kegel- und Messingstift beim Aufsetzen des Obergesenks voreilen und einen fehlerhaften Weg aufzeichnen, werden beide gebremst. Beim Kegelstift 6 geschieht dies mit zwei Bremsbügeln 14, die über Messingschuhe 15 durch Schrauben elastisch verspannt werden. Dadurch daß sich die Bügel 14 frei einstellen können, wird vermieden, daß sich der Kegelstift einseitig an die Bohrungswand anlegt und frißt. Das Gewindeloch für die Schraube zum Bremsen der Bewegung des waagerecht liegenden Messingstifts ist unmittelbar in das Gehäuse geschnitten, da hier nicht die Gefahr des Fressens besteht. Es sei noch vermerkt, daß die Anordnung des Weggebers zwischen Ober- und Untergesenk den Vorteil hat, daß nur der reine Umformweg ohne irgendwelche Federwege gemessen wird.

Zur Prüfung, ob sich der Kegelstift 6 während des Umformens vom Obergesenk 1 ablöst, wird über Kegelstift und Obergesenk ein Kontakt 5 in Abbildung 32 geschlossen, der in einem aus Batterie, Vorwiderstand und Oszillographenschleife gebildeten Stromkreis liegt, so daß während der Berührung der Schleifenschwinger ausgelenkt wird. Beim etwaigen Voreilen des Kegelstifts und beim Rücksprung des Bärs nach beendigter Umformung wird der Kontakt unterbrochen, der Schleifenschwinger kehrt in seine Ausgangslage zurück.

Anhang 6

Die Meßanordnung für die Druckberührzeit

Das Messen der Berührzeit erforderte ein neues Meßverfahren. Weil die Meßstelle zwischen den Werkzeugen liegt und somit der Wirkung hoher Kräfte und Temperaturen ausgesetzt ist und weiterhin der Umformvorgang in sehr kurzen Zeiträumen abläuft, muß es im einzelnen folgende Bedingungen erfüllen:

1) Unempfindlichkeit gegen schlagartige Beanspruchung
2) Unempfindlichkeit gegen hohe Temperaturen
3) Trägheitslose Anzeige des Meßwerts.

Diese Anforderungen werden am besten von einem unmittelbaren elektrischen Kontakt erfüllt, der für die Dauer des Umformvorgangs einen

Stromkreis schließt. Wegen der zu messenden kurzen Zeiten wurde auch hier als Registriergerät der Schleifenoszillograph gewählt.

Die Schaltung zum Messen der Berührzeit zeigt Abbildung 62. Darunter befindet sich als Beispiel das Oszillogramm einer Schwungradspindelpresse.

Eine Gesenkhälfte ist isoliert einzubauen, damit kein Strom über das Maschinengestell und die Führungsleisten fließen kann. Das Obergesenk und die obere Stirnfläche der Probe bilden den Kontakt K_1, der bei Beginn des Umformvorgangs geschlossen wird. Der den Schleifenschwinger S des Oszillographen durchfließende Strom lenkt diesen aus seiner Nulllage aus und registriert damit auf dem Film den Beginn der Umformzeit T_2' (Abb. 62 unten). Sie ist beendet, wenn sich die Aufschlagflächen berühren. In diesem Augenblick wird der Widerstand R_1 durch Schließen des Kontaktes K_2 überbrückt. Dieser besteht aus zwei 0,04 mm dicken, isoliert auf die Aufschlagflächen des Untergesenks aufgeklebten Aluminium- oder Kupferfolien und der Aufschlagfläche des Obergesenks. Während der Gesenkberührzeit ist er geschlossen, so daß der Schleifenschwinger S entsprechend dem größeren Strom nun seinen Ausschlag vergrößert und damit das Ende der Umformzeit T_2' und den Beginn der Gesenkberührzeit T_2'' anzeigt. Diese ist beendet, wenn die Kontakte K_1 und K_2 beim Rücklauf der Maschine wieder geöffnet werden. Der Schleifenschwinger S wird stromlos und kehrt in seine Ausgangslage zurück.

Die Bestimmung der Umformzeit und der Gesenkberührzeit ist durch eine im Oszillographen eingebaute 200 Hz-Zeitmarke möglich. Eine synchron angetriebene Schlitztrommel belichtet den Oszillographenfilm in Abständen von 5 ms, so daß die in Abbildung 62 unten sichtbare senkrechte Strichteilung entsteht.

Anhang 7

Das Meßverfahren für die Steig- und Grataustrittsgeschwindigkeit

Schmiedet man eine Reihe Proben in einem Gesenk in Stufen, indem man zwischen die Aufschlagflächen des Gesenks Abstandsringe abnehmender Dicke legt, so kann man die in den einzelnen Stufen erhaltenen Probenformen als Augenblicksformen des in einem Hub ausgeführten Schmiedevorgangs auffassen. Durch Messen mit der Schieblehre lassen sich die Veränderungen der Steighöhe und der Gratdurchmesser bestimmen. Entnimmt man ferner dem Oszillogramm eines ununterbrochen ausgeführten Schmiede-

versuchs mit dem gleichen Gesenk den Umformwegverlauf in Abhängigkeit
von der Zeit, so kann den bei den Stufenstauchversuchen in den einzelnen Stufen zurückgelegten Umformwegen der Zeitraum zugeordnet werden,
in dem sich die Umformung vollzog. Damit läßt sich die Steighöhe in
Abhängigkeit von der Zeit im Diagramm darstellen. Durch zeichnerische
Differentiation gewinnt man die zugehörigen Geschwindigkeitsverläufe
über der Zeit, die mittels der Weg-Zeit-Kurve in die Geschwindigkeitsverläufe in Abhängigkeit vom Stauchweg umgezeichnet werden können.
Damit lassen sich die Ergebnisse für verschiedene Maschinen vergleichen.

FORSCHUNGSBERICHTE DES LANDES NORDRHEIN-WESTFALEN

Herausgegeben durch das Kultusministerium

EISENVERARBEITENDE INDUSTRIE

HEFT 39
Forschungsgesellschaft Blechverarbeitung e. V., Düsseldorf
Untersuchungen an prägegemusterten und vorgelochten Blechen
1953, 46 Seiten, 34 Abb., DM 9,50

HEFT 43
Forschungsgesellschaft Blechverarbeitung e. V., Düsseldorf
Forschungsergebnisse über das Beizen von Blechen
1953, 48 Seiten, 38 Abb., 3 Tabellen, DM 11,30

HEFT 51
Verein zur Förderung von Forschungs- und Entwicklungsarbeiten in der Werkzeugindustrie e. V., Remscheid
Untersuchungen an Kreissägeblättern für Holz, Fehler- und Spannungsprüfverfahren
1953, 50 Seiten, 23 Abb., DM 10,—

HEFT 56
Forschungsgesellschaft Blechverarbeitung e. V., Düsseldorf
Untersuchungen über einige Probleme der Behandlung von Blechoberflächen
1954, 52 Seiten, 42 Abb., DM 11,20

HEFT 60
Forschungsgesellschaft Blechverarbeitung e. V., Düsseldorf
Untersuchungen über das Spritzlackieren im elektrostatischen Hochspannungsfeld
1954, 82 Seiten, 53 Abb., 7 Tabellen, DM 17,—

HEFT 61
Verein zur Förderung von Forschungs- und Entwicklungsarbeiten in der Werkzeugindustrie e. V., Remscheid
Schwingungs- und Arbeitsverhalten von Kreissägeblättern für Holz
1954, 54 Seiten, 31 Abb., DM 11,40

HEFT 65
Fachverband Schneidwarenindustrie, Solingen
Untersuchungen über das elektrolytische Polieren von Tafelmesserklingen aus rostfreiem Stahl
1954, 90 Seiten, 38 Abb., 9 Tabellen, DM 17,35

HEFT 87
Gemeinschaftsausschuß Verzinken, Düsseldorf
Untersuchungen über Güte von Verzinkungen
1954, 68 Seiten, 56 Abb., 3 Tabellen, DM 15,30

HEFT 98
Fachverband Gesenkschmieden, Hagen
Die Arbeitsgenauigkeit beim Gesenkschmieden unter Hämmern
1955, 132 Seiten, 55 Abb., 9 Tabellen, DM 24,75

HEFT 116
Prof. Dr.-Ing. E. Siebel und Dr.-Ing. H. Weiss, Stuttgart
Untersuchungen an einigen Problemen des Tiefziehens — I. Teil
1955, 74 Seiten, 50 Abb., 6 Tabellen, DM 14,50

HEFT 117
Dr.-Ing. H. Beißwänger, Stuttgart und Dr.-Ing. S. Schwandt, Trier
Untersuchungen an einigen Problemen des Tiefziehens — II. Teil
1955, 92 Seiten, 34 Abb., 8 Tabellen, DM 17,70

HEFT 150
Prof. Dr.-Ing. O. Kienzle und Dipl.-Ing. F. W. Timmerbeil, Hannover
Das Durchziehen enger Kragen an ebenen Fein- und Mittelblechen
1955, 52 Seiten, 20 Abb., 8 Tabellen, DM 11,30

HEFT 177
Dipl.-Ing. H. Stüdemann, Solingen und Dr.-Ing. W. Müchler, Essen
Entwicklung eines Verfahrens zur zahlenmäßigen Bestimmung der Schneideigenschaften von Messerklingen
1956, 104 Seiten, 68 Abb., 4 Tabellen, DM 22,20

HEFT 224
Dipl.-Ing. H. Stüdemann und Ing. R. Beu, Solingen
Verfahren zur Prüfung der Korrosionsbeständigkeit von Messerklingen aus rostfreiem Stahl
1956, 82 Seiten, 28 Abb., DM 16,90

HEFT 225
Dr.-Ing. E. Barz, Remscheid
Der Spannungszustand von Gattersägeblättern
1956, 74 Seiten, 54 Abb., DM 16,50

HEFT 277
Dr.-Ing. W. Müchler, Essen
Untersuchung und zahlenmäßige Bestimmung der Schneideigenschaften von Messern mit besonderer Berücksichtigung rostfreier Messerstähle
1956, 60 Seiten, 27 Abb., 5 Tabellen, DM 13,20

HEFT 283
Prof. Dr. F. Wever und Dr.-Ing. W. Lueg, Düsseldorf
Warmstauchversuche zur Ermittlung der Formänderungsfestigkeit von Gesenkschmiede-Stählen
1956, 44 Seiten, 19 Abb., DM 9,90

HEFT 285
Prof. Dr.-Ing. O. Kienzle, Dr.-Ing. K. Lange, Hannover und Dipl.-Ing. H. Meinert, Osterode
Einfluß der Oberfläche auf das Verschleißverhalten von Schmiedegesenken
1956, 62 Seiten, 29 Abb., 8 Tabellen, DM 14,60

HEFT 286
Dr.-Ing. K. Lange, Hannover, Dipl.-Ing. H. Meinert, Osterode, unter Mitarbeit von Dr.-Ing. H. Arend, Mülheim (Ruhr)
Verschleißverhalten hartverchromter Schmiedegesenke
1956, 74 Seiten, 53 Abb., 6 Tabellen, DM 17,65

HEFT 321
Prof. Dr. F. Wever, Düsseldorf und Dr. W. Wepner, Köln
Gleichzeitige Bestimmung kleiner Kohlenstoff- und Stickstoffgehalte im α-Eisen durch Dämpfungsmessung
1956, 30 Seiten, 3 Abb., 4 Tabellen, DM 6,80

HEFT 322
Prof. Dr.-Ing. F. Bollenrath und Dipl.-Ing. W. Domke, Aachen
Eigenspannungen in vergüteten, dickwandigen Stahlzylindern nach Oberflächenhärtung mit induktiver Erwärmung
1956, 30 Seiten, 9 Abb., 2 Tabellen, DM 6,90

HEFT 360
Dr.-Ing. E. Barz, Remscheid
Fertigungsverfahren und Spannungsverlauf bei Kreissägeblättern für Holz
1957, 68 Seiten, 40 Abb., DM 17,—

HEFT 367
Dr. rer. nat. D. Horstmann, Düsseldorf
Der Angriff eisengesättigter Zinkschmelzen auf kohlenstoff-, schwefel- und phosphorhaltiges Eisen
1957, 52 Seiten, 22 Abb., 6 Tabellen, DM 12,85

HEFT 375
Technischer Überwachungsverein e. V., Essen
Wanddickenmessungen mittels radioaktiver Strahlen und Zählrohrgerät
1958, 38 Seiten, 15 Abb., DM 9,55

HEFT 376
Technischer Überwachungsverein e. V., Essen
Wasserumlaufprobleme an Hochdruckkesseln
1958, 140 Seiten, 56 Abb., 8 Tabellen, DM 32,60

HEFT 377
Technischer Überwachungsverein e. V., Essen
Versuche an Wanderrostkesseln mit befeuchteter Verbrennungsluft
1958, 36 Seiten, 19 Abb., 2 Tabellen, DM 12,20

HEFT 395
Dipl.-Ing. L. Hahn, Clausthal-Zellerfeld
Untersuchungen zur Frage des optimalen Bohrloch- und Patronendurchmessers
1957, 132 Seiten, 49 Abb., 19 Tabellen, DM 31,25

HEFT 445
Dr.-Ing. E. Barz, Remscheid
Fertigungs- und Prüfverfahren für Feilen
vergriffen

HEFT 447
Prof. Dr.-Ing. F. Bollenrath, Aachen, Dr.-Ing. H. Füllenbach, Seesen/Harz und Dipl.-Ing. J. Schumacher, Neubeckum/Westf.
Entwicklung rationell arbeitender Spritzkabinen
1958, 44 Seiten, 26 Abb., DM 13,55

HEFT 473
Prof. Dr. phil. F. Wever, Dr.-Ing. W. Lueg und Dipl.-Ing. P. Funke jr., Düsseldorf
Versuche an einer hydraulischen 25 t-Stangenziehbank
1957, 34 Seiten, 11 Abb., DM 8,95

HEFT 557
Dr.-Ing. H. Schiffers, Dipl.-Ing. D. Ammann, Dipl.-Ing. E. Brugger und Dipl.-Ing. R. Dicke, Aachen
Härtbarkeit von Gußeisen mit Lamellen- und Kugelgraphit in Abhängigkeit von Zusammensetzung und Gefüge
1958, 30 Seiten, 24 Abb., 1 Tabelle, DM 11,—

HEFT 630
Prof. Dr. phil. W. Koch und Dr. techn. Dipl.-Ing. H. Malissa, Düsseldorf
Beiträge zur Spurenanalyse im Reinsteisen
1958, 26 Seiten, 8 Tabellen, DM 7,60

HEFT 639
Prof. Dr.-Ing. habil. K. Krekeler, Dr.-Ing. H. Peukert und Dipl.-Ing. O. Schwarz, Aachen
Auswertung der in- und ausländischen Literatur auf dem Gebiete des Metallklebens
1958, 152 Seiten, DM 37,80

HEFT 655
Dr. rer. pol. A. Th. Wuppermann, Leverkusen, Prof. Dr.-Ing. M. Pfender und Reg.-Rat Dipl.-Ing. E. Amedick, Berlin
Untersuchung des Einflusses von Oberflächenfehlern auf die Dauerhaltbarkeit von Kurbelwellen
1958, 48 Seiten, 101 Abb., 4 Tabellen, DM 10,—

HEFT 680
Prof. Dr. phil. W. Koch, Dr.-Ing. habil. A. Krisch und Dipl.-Phys. H. Rohde, Düsseldorf
Änderungen im Gefügeaufbau austenitischer Chrom-Nickel-Stähle bei Zeitstandversuchen von mehrjähriger Dauer
1959, 38 Seiten, 23 Abb., 5 Tabellen, DM 12,20

HEFT 681
Prof. Dr.-Ing. Dr.-Ing. E. h. H. Schenck und Dr.-Ing. W. Wenzel, Aachen
Die Reduktion von Eisenerzen im Elektro-Fließbett
1959, 76 Seiten, 20 Abb., 12 Tabellen, DM 19,60

HEFT 693
Prof. Dr.-Ing. O. Kienzle, Hannover
Einige Untersuchungen über das Schneiden von Blechen
1959, 56 Seiten, 54 Abb., 3 Tabellen, DM 17,40

HEFT 702
Prof. Dr. phil. W. Koch und Dipl.-Phys. Dr. rer. nat. H. Lüdering, Düsseldorf
Statistische Auswertung von Thomasroheisenproben guter und schlechter Verblasbarkeit
1959, 20 Seiten, 3 Abb., 3 Tabellen, DM 6,50

HEFT 703
Prof. Dr. phil. W. Koch und Dipl.-Phys. Dr. phil. H. Sundermann, Düsseldorf
Isolierungstechnische Untersuchungen an Thomasroheisen
1959, 28 Seiten, 16 Abb., 1 Tabelle, DM 9,—

HEFT 705
Dr.-Ing. K. E. Mayer, Dr.-Ing. H. Knüppel, Ing. A. Stumpf, Dortmund und Prof. Dr. phil. W. Koch, Düsseldorf
Wege zur automatischen Überwachung des Thomasverfahrens
1959, 56 Seiten, 20 Abb., 7 Tabellen, DM 14,80

HEFT 714
Prof. Dr.-Ing. W. Patterson, Aachen
Wirkung einer Gasspülung auf den Magnesiumverbrauch bei der Herstellung von Gußeisen mit Kugelgraphit
1959, 44 Seiten, 35 Abb., 14 Tabellen, DM 13,40

HEFT 728
Dr.-Ing. K. Spies, Dortmund
Die Zwischenformen beim Gesenkschmieden und ihre Herstellung durch Formwalzen
1959, 114 Seiten, 61 Abb., 1 Tabelle, DM 29,60

HEFT 740
Dr. rer. nat. D. Horstmann, Düsseldorf
Einfluß einiger Eisen- und Zinkbegleiter auf Größe und Art des Zinkangriffs auf Eisen
1959, 38 Seiten, 22 Abb., 1 Tabelle, DM 12,60

HEFT 741
Dipl.-Ing. H. Stüdemann, Dipl.-Ing. F. Esselborn und Ing. H. Hartmann, Solingen
Prüfung der Korrosionsbeständigkeit rostbeständiger Besteckbleche aus Chromstahl
1959, 32 Seiten, 30 Abb., 4 Tabellen, DM 10,30

HEFT 742
Dr.-Ing. E. Barz, Remscheid
Schneideigenschaften von schneidenden Zangen und Prüfverfahren
1959, 66 Seiten, 40 Abb., 4 Tabellen, DM 18,40

HEFT 757
Dr.-Ing. A. Schrader und Dr.-Ing. habil. A. Krisch, Düsseldorf
Mikroskopische Beobachtungen von Ausscheidungen in austenitischen und ferritischen Stählen nach dem Kriechversuch
1959, 22 Seiten, 22 Abb., 1 Tabelle, DM 8,60

HEFT 780
Prof. Dr. phil. F. Wever, Düsseldorf
Untersuchungen von Walzölen und Walzölemulsionen im Kaltwalzversuch
1959, 68 Seiten, 28 Abb., mehr. Tab., DM 18,50

HEFT 781
Dr.-Ing. E. Barz u. a.
Verformungseinflüsse bei der Feilenherstellung

HEFT 840
Prof. Dr. phil. F. Wever, Dr.-Ing. H. G. Müller und Dr.-Ing. P. Funke, Düsseldorf
Versuchsmäßige und rechnerische Bestimmung von Walzkraft und Drehmoment unter Einwirkung von Bandzugspannungen beim Kaltwalzen von Bandstahl
in Vorbereitung

HEFT 841
Dr. rer. nat. H. Blanck, Düsseldorf
Untersuchungen zur Kinetik des Martensitzerfalls

Ein Gesamtverzeichnis der Forschungsberichte, die folgende Gebiete umfassen, kann bei Bedarf vom Verlag angefordert werden:
Acetylen / Schweißtechnik – Arbeitspsychologie und -wissenschaft – Bau / Steine / Erden – Bergbau – Biologie – Chemie – Eisenverarbeitende Industrie – Elektrotechnik / Optik – Fahrzeugbau / Gasmotoren – Farbe / Papier / Photographie – Fertigung – Gaswirtschaft – Hüttenwesen / Werkstoffkunde – Luftfahrt / Flugwissenschaften – Maschinenbau – Medizin / Pharmakologie / Physiologie – NE-Metalle – Physik – Schall / Ultraschall – Schiffahrt – Textiltechnik / Faserforschung / Wäschereiforschung – Turbinen – Verkehr – Wirtschaftswissenschaften.

If you have any concerns about our products,
you can contact us on
ProductSafety@springernature.com

In case Publisher is established outside the EU,
the EU authorized representative is:
**Springer Nature Customer Service Center GmbH
Europaplatz 3, 69115 Heidelberg, Germany**

Printed by Libri Plureos GmbH
in Hamburg, Germany